未来科学家·科学的天梯

最新鲜的百科知识
最酷炫的探秘信息

廖胜根 ◎ 编著

原子能与人类生活

中国出版集团
现代出版社

图书在版编目（CIP）数据

原子能与人类生活 / 廖胜根编著 . —北京：现代出版社，2012.12（2021年5月重印）

ISBN 978 – 7 – 5143 – 0799 – 3

Ⅰ.①原… Ⅱ.①廖… Ⅲ.①核能 – 青年读物②核能 – 少年读物 Ⅳ.① TL – 49

中国版本图书馆 CIP 数据核字（2012）第 285562 号

原子能与人类生活

编　　著	廖胜根
责任编辑	陈世忠
出版发行	现代出版社
地　　址	北京市安定门外安华里 504 号
邮政编码	100011
电　　话	010 – 64267325　010 – 64245264（兼传真）
网　　址	www.1980xd.com
电子信箱	xiandai@ vip.sina.com
印　　刷	三河市人民印务有限公司
开　　本	710mm × 1000mm　1/16
印　　张	14.5
版　　次	2018年6月第1版　2021年5月第8次印刷
书　　号	ISBN 978 – 7 – 5143 – 0799 – 3
定　　价	39.80 元

版权所有，翻印必究；未经许可，不得转载

前言 PREFACE
原子能与人类生活

自从1945年8月美国扔向日本的两颗原子弹爆炸以来，原子能科技经历了一个狂风暴雨般的发展历程。从世界总体上来说，原子能走上了一条从战争迈向和平的道路。有史以来用于战争的核弹只有两颗，而现在世界上有四百多座核电站在日夜不停地发电，还有更多的与原子能相关的科技成果被和平利用。可以这样说，原子能带给人们的虽然有恐慌和忧虑，但最多的还是利益和希望。

日益紧张的能源，使人们不得不考虑新的能源形式，核能是继太阳能、风能之外的一个很有发展潜力的能源形式。一个世纪以来对核能的探索，已经取得了喜人的成就，核裂变技术已经非常成熟，而且许多国家已经掌握了这项技术。不仅如此，与原子能相关的技术应用已经直接或间接地深入到我们生活中。近几年来，许多国家也在合作进行核聚变能源的利用，并且取得了一定的成果，有望在不久的将来，核聚变也成为能源工业中的重要角色。在这种环境下，我们有必要系统地对原子能进行一番了解。

本书是一本科学普及读物，从原子能理论艰难的历程着手，将原子能以及与原子能相关的知识较为系统地阐述给读者。在介绍原子能基本知识的基础上，又介绍了核武器的产生和发展、核电站的发展和原理、核安全相关的常识以及在原子能利用中的经验和教训，最后介绍原子能的其他利用形式及对原子能未来的展望。全书循序渐进、深入浅出的理论性的解释和论述，适合于一般读者阅读，同时书中也对与原子能相关的人物和事件做了生动的描述，把曾经发生过的故事讲述给大家，还配以相应的插图，以便读者对一些概念等有一个直观的认知。

CONTENTS 目录
原子能与人类生活

艰难的阶梯

想象中的原子 2
原子的再分割 5
"原子"概念的翻新 6
分子的发现 8
分子的运动 10
元素周期率 13
X射线的发现 18
天然放射 23
电子的发现 26
射线中的能量 28
玛丽·居里 31
原子核的发现 40
查德威克 46
质子和中子的发现 51
同位素 55
铀核裂变的发现 58
链式反应 61
质能转换的基础——相对论 ... 69
能量来源的奥秘 73

反应堆猜想 76
费米和第一座反应堆 79
点燃天火 85

核武器

地下原子弹 90
给总统的一封信 95
世界原子弹之父——奥本海默 ... 98
"两弹元勋"——邓稼先 101
曼哈顿计划 103
沙漠中升起的太阳 106
破坏力极大的"三弹" 109
核潜艇 114
核冬天 123

核能发电

能源幻想 130
谁是接班人 131
盘点地球上的能源 133
核时代开始 135
超出预料 136
是燃烧,不是爆炸 138

和平利用的开始 …………… 142
高温气冷堆 ………………… 145
压水堆 ……………………… 148
沸水堆 ……………………… 151
重水堆 ……………………… 154
安全壳 ……………………… 156
核废物 ……………………… 161
中国的核电 ………………… 162
秦山核电站 ………………… 163
大亚湾核电站 ……………… 167

核安全

核电站的安全性 …………… 172
反应堆不等于原子弹 ……… 173
"失水事故" ………………… 175
三道防线和四道屏障 ……… 177
三里岛事故 ………………… 179

切尔诺贝利核电站事故 …… 182
核电风险最小 ……………… 186
核垃圾的处理 ……………… 187
敬而远之 …………………… 190
面对辐射 …………………… 192

核能的未来

海上核电站 ………………… 196
海底核电站 ………………… 197
地下的核反应堆 …………… 199
卫星上的反应堆 …………… 200
通古斯大爆炸的启示 ……… 203
人造小太阳 ………………… 208
增殖堆 ……………………… 213
聚变将带来巨变 …………… 216
孵化中的"夸克" …………… 223

原子能与人类生活

艰难的阶梯

◀ **YUANZINENG YU RENLEI SHENGHUO** ▶

　　原子能是人类历史上的一项伟大发现，1896年，贝克勒尔发现了铀放射现象。这是人类第一次在实验室里观察到原子核现象。1898年居里夫妇发现放射性元素钋和镭。同年，卢瑟福发现了α、β射线。后来又证实了α射线是带正电荷的氦原子核，β射线是电子。并在1911年，提出了原子的核式模型。1919年，卢瑟福首次实现人工核反应，用α离子从氮核打出质子。

　　1932年，查德维克发现中子。此后，海森伯立即提出原子核由质子和中子组成。

　　1934年，约里奥－居里夫妇发现人工放射性。

　　1939年，哈恩和史特拉斯曼在用中子轰击重元素铀的实验中发现有中间质量的元素产生。

　　1942年，在费米领导下，利用铀核裂变释放中子及能量的性质，发明热中子链式反应堆，标志着大规模利用原子能的开始。

　　1952年，在泰勒领导下，实现轻元素的热核爆炸，试爆氢弹成功。

　　1954年，苏联建成第一个原子能发电站。

　　1958年3月，我国建成第一座重水型原子反应堆；1964年成功试爆第一颗原子弹；1967年试爆氢弹成功；1991年12月，我国第一座自行设计制造的核电站—秦山一期核电站发电成功。

想象中的原子

公元前5世纪,中国的墨翟曾提出过物质微粒说,他称物质的微粒为"端",意思是不能再被分割的质点。

但在战国时代,有一本著作《庄子·天下篇》中却提到了物质无限可分的思想:"一尺之棰,日取其半,万世不竭。"意思是说,一个短棍今天是一尺,明天取一半,余二分之一尺,后天取一半,余四分之一尺,以此类推,永远没有尽头。当然,这里并没有提出,也不可能提出用什么方法分割的问题。但在那个时代,我国古代学者就能用思辨的方法来这样提出问题,是难能可贵的。

公元前4世纪,古希腊人德谟克利特提出了"原子"的概念,也认为这是一种不能再被分割的质点。后来古希腊学者伊壁鸠鲁又把这一概念大大地推进了一步。

古代的原子论者认为:一切物质都由最小粒子的原子组成,原子是不可分割的;原子是客观的、物质性的存在,它是永远运动着的。

德谟克利特和他的老师留基伯共同创立了古希腊的原子论,认为一切事物的本源,是原子和虚无的空间。按照这种想法,人的感觉器官所感觉到的自然界物质的多样性,都是由原子的多种排列和各种

德谟克利特

不同的结合方式产生的。德谟克利特说:"根据现实的感觉,有甜与苦、热与冷、芳香和色彩的存在。但在本质上,仅有原子与空间的存在。我们认为似乎是本体的每一样物体,仅仅只有原子与空间才是真正的实质。"德谟克利特用原子论观点分析了一系列物理现象。他认为,无论是物质从一种状态过渡到另一种状态,从固体过渡到液体或气体以及相反的变化,还是物体的味道、颜色等等,并不是由于物体内部成分的改变,而是取决于原子的形状、大小、排列的变化和结合方式。

不同金属的原子排列方式

关于德谟克利特的学识,后人有许多传说。据记载,德谟克利特诞生时,他的家庭正在款待国王。国王为了报答他家的盛情,就把身边几个学问渊博的人留在了他家,以便教育和培养德谟克利特。这个故事未必属实,但德谟克利特的丰富的学识和深刻的思想确实是超人的。

德谟克利特

德谟克利特(约公元前460~前370年或前356年),古希腊的属地阿布德拉人,古希腊伟大的唯物主义哲学家,原子唯物论学说的创始人之一,率先提出原子论(万物由原子构成)。古希腊伟大哲学家留基伯(约公元前500~约前440年)是他的导师。

德谟克利特的性格与众不同,他对财产一点儿也不重视。德谟克利特的父亲死后,兄弟们分配土地遗产,他什么也不要,只要一些现金以便作为周游世界、探求知识的路费。他到各地听了许多著名学者的讲学,一心思考着学术问题。回到家乡后，他笑话别人碌碌无为。别人说他不务正业，整天想入非非，是个"疯子"，并请了当时的知名医生给他看病。这位医生与德谟克利特很谈得来，他的"诊断"结果是，德谟克利特并没有病，说德谟克利特有病的人才是有"病"的。从此，这位知名医生与德谟克利特结下了深厚的友谊。

德谟克利特对那些自以为了不起的人，不以为然。他认为，看重自己无可非议，但觉得自己"了不起"，就是荒谬的。一个人对于自己的狭小的生活圈子来说，也许觉得很重要；但对于整个宇宙来说，只不过是阳光下的一粒尘埃。可见德谟克利特的眼光是何等远大。

知识小链接

物 质

世界上的物质都是化学物质，或者是由化学物质所组成的混合物。元素是物质的基本成分。元素呈游离态时为单质，呈化合态时则形成化合物，分子、原子、离子是构成物质最基本的微粒。分子能独立存在，是保持物质化学性质的一种微粒。原子是化学变化中的最小微粒，在化学反应中，原子重新组合成新物质。原子结合形成分子。离子是带电的原子或原子团。

古代对物质结构奥秘的探索，只能靠想象，靠思考。那时自然科学还没有从哲学中分离出来，原子只是哲学上的猜想，没有条件靠精密的实验加以证实。尽管原子说是一种很深刻的见解，但终究还是没有科学进行论证的一种猜测。至于一种物质能否转变为另一种物质，在那时候，科学技术水平还没有达到相应的高度，物质的内幕在理论上也没有揭开，所以只不过是想象而已。

原子是不是真的存在呢？在整个封建时代，没有人去证实它。当时，化学为了适应封建主的特殊要求，走进了炼金术和炼丹术的泥坑，致力于寻求点石成金和长生不老的秘方。不仅如此，它还受到了封建的神学思想的束缚。

当时,科学由古代社会的图书馆和科学院搬进了中世纪的教堂。于是,对"圣典"条文的研究代替了对自然的研究。从物质结构的争论,转移到另一种争论,去争论一个针尖里能住得下几个天使,以及天使吃些什么东西等等。就在这样的历史条件下,原子学说在长达20个世纪的时期里竟为人们所遗忘。

原子的再分割

1869年俄国人门捷列夫(1834~1907年)发现了元素的周期律,实际上就是为"原子不可分割"论埋下了一颗炸弹。当人们着手研究元素以及由它所形成的单质和化合物的性质为什么会随着元素原子量的递增而有周期性的变化,以及同族元素性质为什么相似的原因时,必然会对"原子不可分割"论产生种种疑点:

元素和元素间为什么有这样紧密的联系呢?如果每个原子都是光秃秃的一颗不可分割的最小微粒,各自独立,互不相关,那么,元素间还有什么联系?门捷列夫又怎么能找到元素的周期律呢?

合理的分析虽说在当时很难被

门捷列夫铜像

有的科学家所接受,但又不得不予以承认而否定"原子不可分割"论,相信原子不是不可分割的,原子有着复杂的结构;正是由于原子内部结构具有某种共同的因素,使元素和元素间的性质有着规律性的联系。元素周期律表明原子还是可以分割的。

门捷列夫的元素周期律开始动摇了原子是"不可分割的"这种根深蒂固的信念，而使这种信念受到摧毁性打击的则是放射性现象的发现。

元　素

元素又称化学元素，指自然界中100多种基本的金属和非金属物质，它们只由几种有共同特点的原子组成，其原子中的每一核子具有同样数量的质子，质子数决定元素是某一种类。

"原子"概念的翻新

物质是由原子构成的这一猜想，虽然早就提出来了，但一直到了18世纪，尤其是18世纪后半期至19世纪中期，工业兴起，科学技术迅速发展，人们通过生产实践和大量化学、物理学实验，才加深了对原子的认识。

把原子学说第一次从推测转变为科学的概念，应归功于英国一个教会学校的化学教员，他就是道尔顿（1766～1844年）。

道尔顿由于家境贫寒，从小就在乡村干农活，完全靠自学当上了教员。19岁时，他就当上了乡村小学的校长，后来又在教会学校任教员和在曼彻斯特大学任数学和自然科学教授。

约翰·道尔顿

他一生观察天气的气象记录达20万项之多。道尔顿在业余学习中接触到古希腊的自然哲学，包括关于元素和原子的种种学说，很受启发。

原子模型

道尔顿首先研究了法国化学家普鲁斯特于1806年发现的有趣结论：参与化学反应的物质质量都成一定的整数比（定比定律）；例如1克氢和8克氧化合成9克水，假如不按这个一定的比例，多余的就要剩下而不参加化合。道尔顿自己又发现：当两种元素所组成的化合物具有两种以上时，在这些化合物中，如果一种元素的量是一定的，那么，与它化合的另一种元素的量总是成倍地变化的（倍比定律）。

艰难的阶梯

为什么元素间的化合总是成整数和倍数的关系呢？道尔顿丰富的想象力，给他以激励。他感到，这一事实暗示物质是由某种可数的最小单位构成的。于是，道尔顿把这些事实总结概括加以分析，提出了关于原子的著名论断：物质是由具有一定质量的原子构成的；元素是由同一种类的原子构成的；化合物是由构成该化合物成分的元素的原子结合而成的；原子是化学作用的最小单位，它在化学变化中不会改变。

道尔顿的原子论同过去的原子论相比，已有雄厚的科学依据。但是，在道尔顿的原子论提出以后，在新的实验事实面前又出现了一个新的矛盾。

道尔顿是自学成才的

1766年9月6日，道尔顿生于英格兰北方坎伯雷鹰田庄。1844年在曼彻斯特过世。终生未娶。父亲是一位兼种一点薄地的织布工人，母亲生了6个孩子，有3个因生活贫困而夭折。道尔顿6岁起在村里教会办的小学读书。刚读完小学，就因家境困难而辍学。但是他酷爱读书，在干农活的空隙还坚持自学。他是以惊人的毅力，自学成才。

分子的发现

1809年,法国科学家盖·吕萨克发现,在气体的化学反应中,在同温同压下参与反应的气体的体积成简单的整数比;如果生成物也是气体,它的体积也和参加反应气体的体积成简单的整数比(气体反应定律)。例如,两公升的氢和一公升的氧化合时,生成两公升的水蒸汽。盖·吕萨克想,如果不论哪种气体在同温同压下,在相同体积内部含有相同的原子数,不就可以用道尔顿的原子论解释气体反应定律了吗?

可是道尔顿发现,这项假定如果正确,在上述实例中,两个氢原子和一个氧原子应当生成两个"水原子"(后来

盖·吕萨克

称水分子),这样,一个"水原子"中不就只能含有半个氧原子了吗?为了解决这一矛盾,1811年意大利科学家阿伏加德罗在原子论中引进了"分子"的概念。他认为,构成任何气体的粒子不是原子,而是分子。单质的分子是由同种原子构成的;化合物的分子是由几种不同的原子构成的。在上述例子中,氢的分子是由

古希腊文明的开端

公元前2000年前后,爱琴文明发祥于克里特岛,后来文明中心移至希腊半岛,出现迈锡尼文明。克里特岛文明与迈锡尼文明合称爱琴文明,历时约800年,它是古代希腊文明的开端。古希腊紧邻地中海和爱琴海,是海洋文明(西方文明)的源头,所以古希腊文明又称海洋文明。

两个氢原子构成的,氧的分子是由两个氧原子构成的,而水的分子是由两个氢原子和一个氧原子构成的。

这样,经过了不同国家的许多人的努力,才逐步地建立了原子分子学说。这个学说认为:

(1)物质是由分子组成的,分子是保留原物质性质的微粒。例如,糖溶解在一杯水里,糖分子遍及全杯水,水就有了甜味。

水分子模型

水分子之间的作用

(2)分子是由原子组成的,原子则是用化学方法不能再分割的最小粒子,它已失去了原物质的性质。例如,我们平时食用的食盐(氯化钠)的分子是由钠原子和氯原子组成,氯是有毒的,显

拓展思考

世界上最轻的气体——氢气

氢是元素周期表中的第一号元素,它的原子是118(一说119)个元素中最小的一个。由于它又轻又小,所以跑得最快,如果人们让每种元素的原子进行一场别开生面的赛跑运动,那么冠军非氢原子莫属。氢气是最轻的气体,它的"体重"还不到空气的1/14,它的这种特点,很早就引起了人们的兴趣。在1780年时,法国一名化学家便把氢气充入猪的膀胱中,制成了世界上第一个、也是最原始的氢气球,它冉冉地飞向了高空。

然食盐的性质与氯和钠的性质截然不同；另一方面，完全无害的元素碳和氮，组成的化合物却可以是剧毒的气体氰化物。

这个原子分子学说，比以前的原子学说又有了很大进展。过去，在原子和宏观物质之间没有任何过渡，要从原子推论各种物质的性质。现在，在物质结构中发现了分子、原子这样不同的层次。因而我们可以认为，人们对于物质是怎样构成的问题的认识已经接近物质的本来面貌了。

NaCl 晶体结构图

分子的运动

1827年英国植物学家布朗首先在显微镜下观察到，水中的小花粉在不停地作不规则的运动。仔细观察，可以发现任何悬浮在液体或气体中的非常小的微粒，都永远处于无休止的没有规则的运动状态之中。这个悬浮的微粒愈小，它的运动就愈激烈；温度愈高，这种运动也愈激烈。后来人们把这种运动叫布朗运动，把像花粉那样的小微粒叫做布朗微粒。布朗运动是永不休止的，它不受外界因素的影响，完全是物质内部运动的反映。

布朗运动说明了什么问题呢？原来，这种运动就是由液体的分子运动引起的。由于液体的分子每时每刻都在作不规则的热运动，这些分子撞击布朗微粒，就引起了布朗微粒的运动。如果悬

罗伯特·布朗

浮物的颗粒太大,则在每一瞬间撞击到这个大颗粒上的分子数目就太多了,致使这些撞击作用基本上相互抵消了,大颗粒就会保持不动。当悬浮粒小到一定程度时,碰撞到小颗粒上的分子就不那么多,就会从某一个方向出现分子撞击的不平衡,使小颗粒发生运动。布朗颗粒体积愈小,发生撞击的不平衡的可能性愈大,布朗运动就愈急剧。另一方面,温度愈高,分子无规则运动的速度就愈大,分子撞击引起的布朗运动也随之加剧。由于对布朗运动现象的观察和了解,使得人们深入理解了布朗运动的本质。因此证实了分子的存在和分子运动的存在。

布朗运动

知识小链接

布朗运动

在显微镜下看起来连成一片的液体,实际上是由许许多多分子组成的。液体分子不停地做无规则的运动,不断地随机撞击悬浮微粒。悬浮的微粒足够小时,受到的来自各个方向的液体分子的撞击作用是不平衡的。在某一瞬间,微粒在另一个方向受到的撞击作用强,致使微粒又向其他方向运动。这样,就引起了微粒的无规则的布朗运动。

我们熟悉的自然界的物质有三态:固态、液态和气态。可以这样理解:固体的分子排列得比较整齐和紧密,分子运动的范围相对来说是很小的;液体分子的排列就自由些和松散些,因此分子运动的范围就比较大些;气体的分子,表现得最自由,它们往往或多或少地独立运动,与其他的分子无所牵连。永无休止的分子的剧烈运动足以说明气体的性质。后来计算出在一秒钟内,气体中的一个分子和其他分子的碰撞次数就达 50 多亿次。气体分子的运动,就总体来说,它全是不规则的运动。

从19世纪中期，开始了气体分子运动论的研究。这一研究取得了巨大的成功，科学家们根据气体分子运动论确定了原子的质量和直径。各种原子的大小不同，它们只有一亿分之一至一亿分之四厘米。50万个原子只能排满头发丝细的距离，500万个原子排成一行，也只不过是在一个小句号的范围里。原子的重量只有一千万亿亿分之一克。一杯水的重量与其中的一个原子的重量相比，约等于地球的重量与其上的一小块砖头的重量之比，可见原子是何等的微小。

长期以来，人们并没有用肉眼看见过原子。原子，就是在高倍显微镜下，在近代电子显微镜下也难看见。但是，人们对原子的客观存在不再怀疑。这是为什么呢？因为，发现科学和检验真理的唯一可靠的标准是实践。人类的大量的生产实践，间接地证实了原子的存在，用原子分子学说可以准确无误地解释和指导我们的生产实践。

一直到1970年，才有一位美国科学家报道说，他借助扫描电子显微镜第一次观察到了单个的铀和钍的原子。1978年2月，日本的科学家宣布，他们用具有超高度分辨能力的电子显微镜拍摄了世界上第一张原子的照片，看到了几种原子的图像。

显微镜下的原子

电子显微镜

电子显微镜，简称电镜，是根据电子光学原理，用电子束和电子透镜代替光束和光学透镜，使物质的细微结构在非常高的放大倍数下成像的仪器。

YUANZINENG YU RENLEI SHENGHUO

元素周期率

根据道尔顿提出的原子观点，人们对元素有了新的认识，认为每一种元素都是由特定的原子组成的；不管这一种元素的数量多少，它都是由原子组成的。这种元素与另一种元素之所以不同，是因为它们的原子的性质不相同。一种原子与另一种原子的最基本的物理性质的区别，就是原子的重量不同。

1862年，法国地质学家坎古杜瓦首先提出，元素随着原子量的变化，其化学性质呈现周期性变化的问题。

1864年德国化学家迈耶，按原子量递增顺序制定了一个"六元素表"。

1865年，英国化学家纽兰兹按原子量递增顺序，将已知元素作了排列。他发现，到了第八个元素就与第一个元素性质相似，亦即元素的排列每逢八就出现周期性。

纽兰兹从小受母亲的影响，爱好音乐，觉得这好像音乐上的八个音阶一样重复出现，于是把它称为"八音律"，画出了"八音律"表。1866年3月，当他在伦敦化学学会发表这一观点时，得到的却是嘲笑和讽刺，他的有关论文也被退稿。7年以后，他的论文又被拒绝发表。虽然纽兰兹的"八音律"表存在着缺点和不成熟的地方，但他发现了元素的性质在排列上有周期性以及这一研讨方向是完全正确的，而且在这个正确的方向上向前迈进了一大步。一直到18年以后，即在门捷列夫的元素周期表的重要性

纽兰兹

艰难的阶梯

得到普遍承认后，纽兰兹的论文才得以发表，英国皇家学会才给他颁赠了勋章。

事实上，在1869年，德国的迈尔和俄国的门捷列夫几乎同时发现了元素周期律。一项科学技术的发现或发明，同时被几个人在不同地方各自独立地完成，这在科学史上是屡见不鲜的。因为科学是反映客观规律的，科学技术的发现和发明绝不是孤立的现象，它是前人研究成果的继续和在此基础上的突破，是时代的使命，是科学技术发展到一定阶段时的必然结果。

知识小链接

纽兰兹

纽兰兹（1837~1898年）英国分析化学家和工业化学家。1837年11月26日生于伦敦，1898年7月29日卒于伦敦。1856年入英国皇家化学学院，随霍夫曼学习一年，后任皇家农业学会助理化学师。1864~1868年，作为分析化学师独立开业。1868~1886年，任一个制糖厂的主任化学师。

俄罗斯化学家门捷列夫，生在西伯利亚。他从小热爱劳动，喜爱大自然，学习勤奋。他在15岁时为了进大学，跟他母亲千里迢迢来到莫斯科，但因他不是出身于豪门贵族，而是来自穷乡僻壤，被学校当局拒绝接受入学，于是不得不转往彼得堡。在那里，名牌大学也拒绝他入学，他只好进了彼得堡大学的一个师范学院，后来成为一名教师。门捷列夫从青年时代就立下攻读化学的志向，曾阅读了大量的化学书籍，总结了许多化学家的经验教训。

1860年门捷列夫在为著作《化学原理》一书考虑写作计划时，深为无机化学的缺乏系统性所困扰。于是，他开始搜集每一个已知元素的性质资料和有关数据，把前人在实践中所得成果，凡能找到的都收集在一起。人类关于元素问题的长期实践和认识活动，为他提供了丰富的材料。他在研究前人所得成果的基础上，发现一些元素除有特性之外还有共性。例如，已知卤素元素的氟、氯、溴、碘，都具有相似的性质；碱金属元素锂、钠、钾暴露于空气中时，都很快就被氧化，因此都是只能以化合物形式存在于自然界中；有的金属例如铜、银、金都能长久保持在空气中而不被腐蚀，正因为如此它们被称为贵金属。

基础小知课

氟

氟，气体元素，符号 F，原子序数 9。卤族元素之一。淡黄色，有毒，腐蚀性很强，化学性质很活泼，可以和部分惰性气体在一定条件下反应。是制造特种塑料、橡胶和冷冻机（氟氯烷）的原料。由其制得的氢氟酸（HF）是一种唯一能够与玻璃反应的无机酸。

于是，门捷列夫开始试着排列这些元素。他把每个元素都建立了一张长方形纸板卡片。在每一块长方形纸板上写上了元素符号、原子量、元素性质及其化合物，然后把它们钉在实验室的墙上排了又排。经过了一系列的排队以后，他发现了元素化学性质的规律性。

因此，当有人将门捷列夫对元素周期律的发现看得很简单，轻松地说他是用玩扑克牌的方法得到这一伟大发现时，门捷列夫却认真地回答说，从他立志从事这项探索工作起，一直花了大约 20 年的工夫，才终于在 1869 年发表了元素周期律。他把化学元素从杂乱无章的迷宫中分门别类地理出了一个头绪。此外，因为

元素周期表

他具有很大的勇气和信心，不怕名家指责，不怕嘲讽，勇于实践，敢于宣传自己的观点，终于得到了世界科学界广泛地承认。

原子能与人类生活　艰难的阶梯　YUANZINENG YU RENLEI SHENGHUO

知识小链接

门捷列夫

德米特里·门捷列夫，19世纪俄国化学家，他发现了元素周期律，并就此发表了世界上第一份元素周期表。1907年2月2日，这位享有世界盛誉的俄国化学家因心肌梗塞与世长辞，那一天距离他的73岁生日只有6天。他的名著、伴随着元素周期律而诞生的《化学原理》，在19世纪后期和20世纪初，被国际化学界公认为标准著作，前后共出了8版，影响了一代又一代的化学家。

元素周期律揭示了一个非常重要而有趣的规律：元素的性质，随着原子量的增加呈周期性的变化，但又不是简单的重复。门捷列夫根据这个道理，不但纠正了一些有错误的原子量，还先后预言了15种以上的未知元素的存在。结果，有3个元素在门捷列夫还在世的时候就被发现了。

1875年，法国化学家布瓦博德兰，发现了第一个待填补的元素，命名为镓。这个元素的一切性质都和门捷列夫预言的一样，只是比重不一致。门捷列夫为此写了一封信给巴黎科学院，指出镓的比重应该是5.9左右，而不是4.7。当时镓还在布瓦博德兰手里，门捷列夫还没有见到过。这件事使布瓦博德兰大为惊讶，于是他设法提纯，重新测量镓的比重，结果证实了门捷列夫的预言，比重确实是5.94。这一结果大大提高了人们对元素周期律的认识，也说明很多科学理论被称为真理，不是在科学家创立这些理论的时候，而是在这一理论不断被实践所证实的时候。

当年门捷列夫通过元素周期表预言新元素时，有的科学家说他狂妄地臆造一些不存在的元素。而通过实践，门捷列夫的理论受

布瓦博德兰

到了越来越普遍的重视。

后来，人们根据周期律理论，把已经发现的 100 多种元素排列、分类，列出了今天的化学元素周期表，张贴于实验室墙壁上，编排于辞书后面，是每一位学生在学化学的时候，都必须学习和掌握的一课。

可是，化学元素是什么呢？化学元素是同类原子的总称。所以，人们常说，原子是构成物质世界的"基本砖石"，这从一定意义上来说，还是可以的。然而，化学元素周期律说明，化学元素并不是孤立地存在和互相毫无关联的。这些事实意味着，元素原子还肯定会有自己的内在规律。这里已经蕴育着物质结构理论的变革。

周期律

元素周期律，指元素的性质随着元素的原子序数（即原子核外电子数或核电荷数）的增加呈周期性变化的规律。周期律的发现是化学系统化过程中的一个重要里程碑。

终于，到了 19 世纪末，实践有了新的发展，放射性元素和电子被发现了，这本来是揭开原子内幕的极好机会。可是门捷列夫在实践面前却产生了困惑。一方面他害怕这些发现"会使事情复杂化"，动摇"整个世界观的基础"；另一方面又感到这"将是十分有趣的事……周期性规律的原因也许会被揭示"。1907 年 2 月，门捷列夫在将要揭开周期律本质的前夜，带着他这种矛盾的思想逝世了。

门捷列夫并没有看到，正是由于 19 世纪末、20 世纪初的一系列伟大发现和实践，揭示了元素周期律的本质，扬弃了他那个时代关于原子不可分的旧观念。在扬弃其不准确的部分的同时，充分肯定了他的合理内涵和历史地位。在此基础上诞生的元素周期律的新理论，比当年门捷列夫的理论更具有真理性。

原子能与人类生活　艰难的阶梯　YUANZINENG YU RENLEI SHENGHUO

X射线的发现

到了19世纪末期，物理学已能令人满意地勾画出自然现象及其相互关系的图像，并且似乎达到了相当完善的程度。看来，一切都好像很适合一般的力学概念，甚至包括电、磁、光等现象。许多人认为牛顿的物理学是无所不包、无所不能的，它能"概括"宇宙中最大的物体运动和最小的原

伦琴

子运动。许多物理学家们觉得，他们已经完成了他们应该做的全部工作。当时有一位著名的科学家在1893年发表演说，认为物理学的所有伟大发现可能都已完成。他把科学的发展状况及历史，精心地编制成纲目。他说：以后的物理学家们除了重复或改良过去的实践，使原子量或一些自然常数增加些小数点位数以外，将再也不会有什么事可做了。这种言论在当

广角镜
地球的磁场

地球的磁性，是地球内部的物理性质之一。地球是一个大磁体，在其周围形成磁场，即表现出磁力作用的空间，称作地磁场。它和一个置于地心的磁偶极子的磁场很近似，这是地磁场的最基本特性。地球磁场的磁极和地理上的南北极方向正相反，而且和地球南北极并不重合，两者之间有一个11度左右的夹角，叫磁偏角。此外地球磁场的磁极位置不是固定的，它有一个周期性变化…地磁场强度很弱，这是地磁场的另一特性，在最强的两极其强度不到 10^{-4} (T)，平均强度约为 0.6×10^{-4} (T)，而它随地点或时间的变化就更小，因此常用（γ），即 10^{-9} (T)做为磁场强度单位。

18

时来说，是有一定代表性的。在一些人看来，"科学的大厦已经建成"，人类对自然界的认识已经到了顶点，经典物理学已经发展到"终极理论"，科学似乎已完成了历史使命。

可是，就在两三年以后，即在19世纪的最后几年里，一些轰动世界的革命性发现无情地冲击了物理学界的保守观点。活生生的客观事实使一些科学的"顶峰论"者目瞪口呆。这些事实也使一些原来已经认为熟悉了这个物质世界的人们，立即又感到并不完全熟悉了，对某些领域又感到陌生了，对于从前蛮有信心地描绘的那个"简单"、"纯朴"、"有秩序"的世界，立刻又产生了怀疑。

1895年11月8日的傍晚，德国物理学家伦琴（1845～1923年）正在沃兹堡大学的一个实验室，做一项有关阴极射线的实验。阴极射线实验是在真空的

伦琴拍摄的一张X射线照片
（伦琴夫人的手骨与戒指）

电子管中，由阴极发出的电子在电场加速下所形成的电子流。但确认电子的存在，是两年以后的事情。

伦琴用黑纸将阴极射线管完全掩遮好，使之与外界相隔绝，然后把窗帘放下，打开高压电源，以便检查有没有光线从管中漏光。突然，他发现有一道绿光从附近的一个板凳上射出，掠过他的眼前。他把高压电源关掉，光线也随着消失。奇怪！板凳怎么会发射出光来呢？"留心意外的事情"是科学研究工作者的座

伦琴对人类的贡献

伦琴一生在物理学许多领域中进行过实验研究工作，如对电介质在充电的电容器中运动时的磁效应、气体的比热容、晶体的导热性、热释电和压电现象、光的偏振面在气体中的旋转、光与电的关系、物质的弹性、毛细现象等方面的研究都作出了一定的贡献，由于他对X射线的发现赢得了巨大的荣誉，以致这些贡献大多不为人所注意。

右铭。伦琴马上点了灯，照了照板凳，发现那里摆着的原来是自己做其他试验时用的一块硬纸板，硬纸板上涂了一层荧光材料（氰亚铂酸钡的晶体）。

伦琴感到十分惊讶。从阴极射线管中散出的阴极射线有效射程仅有一英寸（1英寸＝2.54厘米），显然是不会跑出这么远的。那么是什么使荧光材料闪出光亮的呢？伦琴很快意识到有某种未知光线发现了。这种未知光线从阴极射线管发出，穿过了黑纸包层，射到了硬纸板上，激发了涂料的晶体发出荧光。

对大自然最细小的超出常轨的举动，要加以注意，对那些意外事件进行研究，这是科研工作能取得成果的秘诀之一。在这里，最需要的是始终不懈的敏感性。因为"机遇只垂青那些懂得怎样追求它的人"。伦琴为此惊喜万分，再次打开开关，随手拿一本书挡在阴极射线管与硬纸板之间，发现硬纸板依然有光。

伦琴激动得难以控制自己，一连几天几夜关在实验室里继续实验。他先后在阴极射线管和硬纸板之间放了一般的木头、乌木、硬橡胶、氟石以及许多种金属，结果发现这种未知的光线仍然能够照直穿透这些物质。只有铝和铂挡住了这种光线。

克鲁克斯

乌 木

乌木（阴沉木）兼备木的古雅和石的神韵，有"东方神木"和"植物木乃伊"之称。由于地震、洪水、泥石流将地上植物生物等全部埋入古河床等低洼处，埋入淤泥中的部分树木，在缺氧、高压和细菌等微生物的作用下，经长达成千上万年炭化过程形成乌木，故又称"炭化木"。历代都把乌木用作辟邪之物，制作成工艺品、佛像、护身符挂件。古人云："家有乌木半方，胜过财宝一箱。"

YUANZINENG YU RENLEI SHENGHUO

伦琴的妻子对于伦琴总是迟迟不回家很生气。于是伦琴把她带到实验室里，把用一张黑纸包好的照相底片放在她的手掌下，然后用阴极射线管一照，拍下了历史上最著名的一张照片。冲洗出来的底片清楚地呈现出伦琴夫人的手骨结构，手上那枚金戒指的轮廓也清晰地印在上面。

伦琴当时无法说明这种未知的射线，就用代数上常用来求未知数的"X"来表示，把它定名为 X 射线。实际上后来才知道，X 射线是由阴极射线打在阳极靶上而获得的。伦琴经过了一连 7 个星期废寝忘食的紧张工作，终于在 12 月 28 日完成了举世轰动的科学报告。不久，世界上各大报纸都报道了这一重要新闻。这时，有一些物理学家们才开始懊悔自己没有追究实验室内照相底片"走光"的问题，也有的物理学家责备自己把照相底片感光，错误地归于阴极射线的作用结果。还有一位物理学家声称，他发现 X 光是在伦琴之前，只是由于不愿中断正常的研究工作，而未发表。的确，这个发现完全有条件在 20 年前的任何实验室完成。可是，如果伦琴对这一"科学的闪光"漫不经心，轻意放过这一重要线索，或是不深入思索，轻率地把它归于任何一种别的原因，那么 X 光还是发现不了。

艰难的阶梯

伦琴的这个发现并不是偶然的。因为早在 1878 年 8 月英国物理学家克鲁克斯的工作就曾轰动一时。那时克鲁克斯就根据自己的研究在英国皇家学会作了讲演，他说："这些真空管中出现的物理现象揭示出物理学的一个新世界。"但他不正确地把阴极射线归于物质的第四态了，他认为阴极射线是"超气态"。德国的勒纳受克鲁克斯的影响，进行了研究，并于 1893 年公布了关于阴极射线的研究报告。

现代的医用 X 光机

伦琴在他们研究的基础上，通过试验进而发现，这种 X 射线不是像阴极射线那样随磁场偏转,它似乎发生在真空管中阴极射线照射的地方。因为他发现,当阴极射线随着磁铁偏转时,X射线的发源点也跟着移动。例如让阴极射线照射铂,产生的X射线远远比在铝、玻璃和其他物质中产生的X射线强。此外,尽管伦琴利用了区分普通光的棱镜,并没有观察到X光的折射,利用透镜也没有观察到反射和聚焦。显然,X光与普通光是不同的。

1901年,当瑞典科学院颁发第一次诺贝尔奖金时,物理学奖的选择对象自然落在伦琴身上。伦琴成名以后,反对用自己的姓名来命名X射线。同时他还谢绝了巴伐利亚王子所授予他的贵族爵位,并因此受到贵族的冷遇。他把获得的全部诺贝尔奖金都捐献给了自己的工作单位沃兹堡大学物理实验室作为研究费用。他说:"我认为发明和发现都应属于整个人类。"伦琴的无私精神受到了世界各国人民的高度赞扬。

X射线一直到今天,得到了广泛的应用。工业上用于金属探伤,医院里用它来透视人体的心肺、脏腑和骨胳,已经成了重要的医疗设备。对于X射线的研究,不久又促成了天然放射性的发现。因此,可以说X射线是原子世界透出的一道曙光,为人们深入观察原子及其运动带来了光明。

知识小链接

诺贝尔奖

诺贝尔奖是以瑞典著名的化学家、硝化甘油炸药的发明人阿尔弗雷德·贝恩哈德·诺贝尔的部分遗产(3100万瑞典克朗)作为基金创立的。诺贝尔奖分设物理、化学、生理或医学、文学、和平五个奖项,以基金每年的利息或投资收益,授予前一年世界上在这些领域对人类作出重大贡献的人,1901年首次颁发。诺贝尔奖包括金质奖章、证书和奖金。1968年,在瑞典国家银行成立300周年之际,该银行捐出大额资金给诺贝尔基金,增设"瑞典国家银行纪念诺贝尔经济科学奖",1969年首次颁发,人们习惯上称这个额外的奖项为诺贝尔经济学奖。

天然放射

在一个物理学家的家庭里,爸爸是研究荧光的。有一种钟表上使用的物质,白天在阳光照射后,到了黑夜里会发出微弱的光亮。在物理学上,这种经过太阳光的紫外线照射以后发出的可见辐射,称为荧光。

1896年,儿子亨利·贝克勒尔从爸爸那里选了一种荧光物质铀盐,学名叫硫酸钾铀,想研究一下一年前伦琴发现的X射线到底与荧光有没有关系。贝克勒尔想,要弄清这个问题,方法并不难。只要把荧光物质放在一块用黑纸包起来的照相底片上面,让它们受太阳光的照射,就能作出判断。由于太阳光是不能穿透黑纸的,因此太阳光本身是不会使黑纸里面的照相底片感光的。如果由于太阳光的激发而产生的荧光中含有X射线,X射线就会穿透黑纸而使照相底片感光。

于是,贝克勒尔进行了这个实验,结果照相底片真的感光了。因此,他以为在荧光中含有X射线。他又让这种现象中的"X射线"穿过铝箔和铜箔,这样,似乎就更加证明了X射线的存在。因为当时除了X射线之外,人们还不知道有别的射线能穿过这些东西。

一连几天是阴天,太阳始终不肯露头,这就使贝克勒尔无法再进行实验。他只好把那块已经准备好的硫酸钾铀和用黑纸包裹着的照相底片一同放进暗橱,无意中还将一把钥匙搁在了上面。几天之后,当他

你知道吗
硫酸钾的作用与用途

是制造各种钾盐如碳酸钾、过硫酸钾等的基本原料。玻璃工业用作澄清剂。染料工业用作中间体。香料工业用作助剂等。医药工业还用作缓泻剂等。硫酸钾在农业上是常用的钾肥,含钾量约为50%,在台湾俗称为"白加里"。此外,硫酸钾在工业上还用于玻璃、染料、香料、医药等。

艰难的阶梯

取出一张照相底片，企图检查底片是否漏光。冲洗的结果，却意外地发现，底片强烈地感光了，在底片上出现了硫酸钾铀很黑的痕迹，还留有钥匙的影子。可这次照相底片并没有离开过暗橱，没有外来光线；硫酸钾铀未曾受光线照射，也谈不上荧光，更谈不到含有什么X射线了。

那么，是什么东西使照相底片感光的呢？因为照相底片是同硫酸钾铀放在一起的，只能推测这一定是硫酸钾铀本身的性质造成的。硫酸钾铀是一种每个分子都含有一个铀原子的化合物。

物质的最小单元是分子，分子是由不同元素的原子组成的物质，被称为化合物。

亨利·贝克勒尔

硫酸钾铀这种化合物，含有硫原子、氧原子、钾原子、铀原子，通过比较和鉴别，后来发现，原来硫酸钾铀中，硫、氧、钾原子是稳定的，只有其中的铀原子能够悄悄地放出一种人们肉眼看不见的射线，使照相底片感光了。

这种神秘的射线，似乎是无限地进行着，强度不见衰减。发出X射线还需要阴极射线管和高压电源，而铀原子无需任何外界作用却能永久地放射着一种神秘的射线。

用于陆路口岸的台门式放射性检测仪

贝克勒尔虽然没有完成他预想的试验，却意外地发现了一种新的射线。后来，人们把物质这种自发放出射线的性质叫放射性，把有放射性的物质叫做放射性物质。这就是世界闻名的关于天然放射性的发现。

基础小知识

贝克勒尔

安东尼·亨利·贝克勒尔（1852—1908年）于1852年生于法国。1872年就读巴黎理工大学，后在公路桥梁学校毕业，获工程师职位。1878年在巴黎自然博物馆任物理学教授，1895年任理工大学教授。由于研究荧光现象而发现铀的放射性，并因此获1903年诺贝尔物理学奖。1908年逝世。

据说，在贝克勒尔之前，已经有人发现了这种怪现象。有一位科研人员把沥青铀矿石和包好的照相底片搁在一起，底片因曝光而作废了。但是，这个人只得出了一个"常识性"的结论：不能把照相底片同沥青铀矿石放在一起。这个结论虽然是对的，也有实用价值；可惜他失去了完成一项重大发现的机会。

天然放射性的发现揭示了一个非常重要的问题。在自然界中有某些元素能自发地放出射线来，这些元素又都是由某种原子构成的，这不就说明了原子本身还会发生某种变化吗？这种变化意味着原子还有结构，原子还隐藏着秘密。所以说，

洛伦兹

这项发现从根本上动摇了此前那种认为原子是不可分割的观念。从此，人类跨入了进一步了解原子的大门。

天然放射性的发现被誉为原子科学发展的第一个重大发现。

在世纪之交的19世纪末期，科学上是令人迷惘的时期，面对如此重大的发现，有的科学家想不通。例如，当时很有名望的科学家洛伦兹就企图把这些崭新的实验事实纳入旧理论的框框，从旧的原子学说中寻找答案。于是，在这些客观事实面前，他们苦恼、彷徨，甚至对科学丧失信心，哀叹物理学发生了"危机"，"科学破产"了。他本人曾绝望地说："在今天，人们提出了与昨天所说的话完全相反的主张；在这样的时期，真理已经没有标准，也不知道科学是什么了。我很悔恨，我没有在这些矛盾出现的5年前死去。"

而后来的事实发展充分证明，正是这些划时代的发现，点燃了新世纪的火炬。

电子的发现

约瑟夫·约翰汤姆逊与其他青年物理学家一起，研究为什么气体在X射线照射下会变成电的导体。据汤姆逊的推测：这种导电性，可能是由于在X射线的作用下，产生了某种带正电和带负电的微粒所引起的。他甚至认为：这些带电的微粒可能就是想象中原子的一部分。这种想法，在当时不能被接受，世界上哪有比原子更小的东西呢？

为了搞清楚在通电玻璃管内从阴极发出的射线可能就是由那些连续发射的粒子所组成的，汤姆逊想称量出这些粒子的重量。可是怎么去称量那么小的粒子呢？

汤姆逊

汤姆逊利用电场和磁场来测量这种带电粒子流的偏转程度，以推测粒子的重量。他说，粒子愈重，愈不易被偏折；磁场愈强，粒子被愈折愈厉害。测量这些粒子被偏折的程度和磁场强度，就能间接地测出它们的质量，亦即能得出粒子所带电荷与其质量之比。这仿佛是要测定子弹的重量，我们可以在一个大磁场附近发射子弹，子弹受磁场的作用会偏离靶心，然后根据子弹偏离靶子多远和磁场强度大小推知子弹重量多大。

1897年，汤姆逊根据实验指出，阴极射线是由速度很高（每秒10万千米）的带负电的粒子组成的。起初称为"粒子"，后来借用了以前人们对电荷最小单位的命名，称之为"电子"。实验结果表明，阴极射线粒子的电荷与质量之比与阴极所用的物质无关。也就是说，用任何物质做阴极射线管的阴极，都可以发出同样的粒子流，这表示任何元素的原子中都含有电子。汤姆逊还发现，除阴极射线外，在其他许多现象中也遇到了这种粒子。例如把金属加热到足够高的温度时，金属或某些其他物质受光特别是受紫外线照射时，也都放出电子。这个事实更进一步说明了任何元素的原子中都含有电子。

汤姆逊测出，电子的质量只有氢原子质量的1/1840，电子的电荷是 -4.8×10^{-19} 静电系单位（或 1.602×10^{-19} 库仑），电子的重量只有 9.11×10^{-28} 克（约一千亿亿亿分之一克）。

知识小链接

威廉·汤姆逊

英国物理学家：威廉·汤姆逊（1824~1907年）1892年被封为开尔文勋爵。道格拉斯大学教授。英国皇家学会会长，在研究热学、电学及其应用等方面卓有成就。1848年创立"热力学温标"；把热力学第一定律和热力学第二定律具体应用到热学电学、弹性现象等方面，对热力学的发展起了一定作用。还制成静电计、镜式电流计、双臂电桥等电学仪器。1866年起，领导完成横越大西洋海底电缆的安装工作。

汤姆逊的思想摆脱了传统观念的束缚，发现了电子，但又因此受到了嘲笑。因为许多人根本就不相信，认为汤姆逊的说法是愚蠢的，甚至说他是个骗子。汤姆逊在英国科学知识普及会上讲述他关于电子方面的实验时，在座的大部分物理学家对他所持的观点表示怀疑。所以，在当时，电子的发现并没有引起广泛注意。关于这一点，汤姆逊的儿子后来写道："反对这种比原子还小的粒子客观存在的论调，还是不停地出现，但那只不过是旧物理概念间歇的垂死痉挛。"

电子的客观存在，被后来愈来愈多的事实完全证实了。这项重大发现，不仅使我们对原子结构有了进一步认识，而且还使我们弄清了电的性质。每秒钟在导体的某一截面上会有 6.242×10^{-18} 个电子的定向流动，就是我们所知道的 1 安培的电流。

电子的发现及电子学的一系列成就，是现代文明的基础。天上的航天飞机、人造卫星，地上的电气列车、城市的电车，电灯、电视、电炉、收音机、雷达等，无一不是靠电子的工作。

电子的发现，直接证明了原子不是不可分割的物质最小单位。原子自身还有结构，电子就是原子家族中的第一个成员。

射线中的能量

19 世纪末，德国物理学家伦琴在研究阴极射线时，发现了一种看不见的射线，它能穿过不透明的物质，使某些晶体发出荧光，或使照相底片感光。对当时的人们来说，这是十分奇妙的。伦琴自己也无法解释这一光线的本质，因此把它叫做 X 射线。

法国物理学家亨利·贝克勒尔听到了关于伦琴发现 X 射线的消息，也想研究这些奇妙辐射的起源问题。他想起有一些物质在普通光线照射下会发出荧光，就很想知道这些物质是否也同时在发射肉眼看不见的 X 射线。

他决定用在太阳光下会发出最强烈荧光的硫酸钾铀的晶体来进行这个试验。他把未感光的照相底片用黑纸包起来，然后在纸包上面撒一些晶体，放在窗外的阳光下。太阳的紫外线使这些晶体发出了荧光。几小时后，贝克勒尔把纸包取回，将照相底片显影。按他的推断，如果晶体在太阳照射下发出X射线，那么X射线应能穿透黑纸而使底片感光。如果没有X射线，那末黑纸挡住了所有的可见光，底片就应保持不曝光状态。试验取得了很大的成功，他在底片上放置晶体物质的地方，果然看到了灰色的暗斑！

正在做实验的皮埃尔·居里夫妇

1896年2月24日，他向科学界宣布他发现了由光线引起的类似X射线的射线。

放射性衰变

可是几天以后贝克勒尔发现，他搞错了。

当时，由于天气阴沉，没有阳光，他把准备好的铀晶体和底片放到暗橱里，一连等了好几天，天气仍未放晴，他就想用这些底片作别的用途。当他将底片显影以后，出乎意料地发现，底片上居然也有这些铀晶体的暗斑图像，而且更深更黑。这就证明了，在没有光线的地方，晶体也在发出自己的射线。贝克勒尔一次次用不同类型的荧光物质进行实验，结果证明他试验过的每一种物质，只要含有铀，都会放出这种射线。看来铀是关键的物质。要使铀发出穿透性的射线，既不需要可见光，也不需要紫外线。他终于用纯铀作了一次试验，发现这次射线比以往任何一次都更为强烈。

铀的放射性现象的发现，带来了原子内部的第一个信息，成为20世纪新物理学的起点。贝克勒尔的成就吸引了全世界学者的注意力，也包括当时就在他的实验室中工作的杰出的波兰女科学家玛丽·斯克洛道芙斯卡娅。她就是后来蜚声学术界的居里夫人。

物理学家们通过试验很快了解到，放射性物质放出好几种射线。一种是带正电的粒子流，称为q射线。它的质量大约是氢原子的4倍，实质上就是氦原子。第二种是带负电的粒子流，称为13射线，实质上就是运动得很快的电子。第三种是穿透性很强的类似于X射线的R射线，这是一种频率极高的电磁波。

放射性元素在放出射线的同时，本身也发生"衰变"而成为另一种元素。例如镭放出Ⅱ粒子和R射线后变成氡。氡是一种放射性气体，它还会放出Ⅱ粒子而继续衰变。

放射性的发现至少说明两个问题：第一，原子不是不可分割的，否则就不可能从其内部放出粒子或射线来。第二，原子内部一定含有很大的能量，否则这些粒子和射线就不可能具有如此高的运动速度或动能。

根据测定，1克镭每小时放出的能量达136卡。如果把它放在一杯0℃的冰水中，大约6昼夜就可将水加热到沸点。1克镭全部衰变后放出的热量为28万千卡，这大约相当于375千克优质煤。可以想象，当人们意识到在不到半节手指头那么大的一块物质中，藏有如此巨大的能量时，该是多么地受鼓舞啊！

物理学家们更加忙碌起来了。他们希望把这些能量的释放过程置于自己的控制之下。可惜的是，无论他们用什么办法，提高温度也好，改变压力也好，都不能改变这些核素释放能量的速度，它们仍不紧不慢地按照自己固有的速度进行衰变。

基础小知识

铀

铀的原子序数为92，其元素符号是U，是自然界中能够找到的最重元素。在自然界中存在三种同位素，均带有放射性，拥有非常长的半衰期（数亿年～数十亿年）。此外还有12种人工同位素（铀-226～铀-240）。铀在1789年由马丁·海因里希·克拉普罗特发现。铀化合物早期用于瓷器的着色，在核裂变现象被发现后用作核燃料。

玛丽·居里

玛丽·居里，即著名的居里夫人，与她的丈夫皮埃尔·居里一起，共同就贝克勒尔首先发现的放射性现象进行研究，先后发现钋和镭两种天然放射性元素，为原子时代的开启作出了重大贡献。

居里夫人在科学上的刻苦自励、坚韧不拔，生活上的不畏挫折、艰苦朴素，成为后代人敬仰和传颂的佳话。

玛丽生长在波兰一个农民的家庭。她的父母后来离开了农业劳动，从事教育工作，父亲是一位中学的数学和物理教员，母亲做过小学校长，弹得一手好钢琴。玛丽继承了父亲的才智和母亲的灵秀。玛丽记忆力很强，三四岁时，就能熟背许多诗篇。玛丽常

玛丽·居里

到父亲的房间去，那里摆着不少的物理仪器和矿物标本，这些使年幼的玛丽萌生了对科学的好奇心，她觉得这些小东西非常有趣，她时常踮起脚尖，长时间地仔细端详，还不时用小手指去触一触玻璃管。一次，她问父亲："这些东西叫什么名字呀？"父亲告诉她说："这叫物理仪器。"从此，这些仪器就深深地印刻在玛丽的脑海里。但是，她的父母却不敢让儿女们在学习上过于用功，因为家里有肺痨的病根。每当玛丽抱起书本，母亲就会心疼地对她说："去花园里玩玩吧，孩子，外面多美啊！"

后来，大姐得伤寒病夭折，母亲又因病去世。从此，玛丽失去了母亲和大姐的爱抚。家庭的不幸，深深地刺伤了玛丽幼小的心灵。但是，逆境也磨炼了她坚韧的性格和对知识的执著追求。

上中学时，一次她正在家里低头看书，姐妹们和她开玩笑，把几把椅子高高地叠在她的周围，可她一点都没觉察。时间一分一秒地过去，大约半小时，玛丽读完了预定的章节，才抬起头来，像姐妹们盼望的那样碰倒了"椅塔"，引得她们前俯后仰地笑个不停。

功夫不负有心人。玛丽中学毕业时以优异成绩获得了金质奖章，全家人都为她高兴，她的父亲更感到由衷的欣慰。

19世纪的波兰大学不收女学生，这使玛丽和她的另一个

拓展阅读

波　兰

波兰，全称波兰共和国（波兰语：Rzeczpospolita Polska），中国古称孛烈儿，是一个中欧国家，西面与德国接壤，南部与捷克和斯洛伐克为邻，东部与乌克兰和白俄罗斯相连，东北部和立陶宛及俄罗斯接壤，北面濒临波罗的海。国土面积为31万多平方公里。全境绝大部分为略有起伏的低平原（平均海拔173米），北低南高，北部多冰碛湖，南部有低丘陵，靠近捷边境为苏台德山和贝斯基德山。全境属于由海洋性向大陆性气候过渡的温带阔叶林气候，自西而东，自北而南，海洋性渐减，大陆性递增，年降水量450－800毫米，南部山区可超过1,000毫米。森林占国土28％。首都华沙。

姐姐很犯愁。因为如果出国求学，需要一笔很大的开支。"有办法了！"一天，玛丽在月光下兴奋地对姐姐说："是这样，你把我们俩省下来的钱都带上，先去巴黎。我在这儿做家庭教师，把挣来的钱再给你寄去。等你毕业有了工作再帮助我。若是我们仍旧各自奋斗，那就谁也无法离开这里。"

姐姐高兴地拥抱着妹妹，眼里闪着激动的泪花："玛丽，你真愿意帮助我吗？你的天资这样好，应该你先出去，也许很快就会功成名就，为什么先让我走呢？"

"因为你是20岁，我才17岁。"就这样，姐妹分手了。

◎ 成长的烦恼

姐姐从巴黎寄来了信，妹妹从华沙寄去了钱。为了支持姐姐读书，玛丽有时连一张邮票都买不起。

玛丽做家庭教师时，经受了一次感情上的磨难。这户人家的大儿子是华沙大学的学生，回家度假时认识了玛丽，从此二人一见钟情。玛丽高雅的谈吐、优美的舞姿，强烈地吸引着他；而热情、单纯的玛丽也深深地坠入了情网。但是，他们的恋情引起了一场轩然大波。大学生的父母尽管深知玛丽天性聪颖、品行端正，可是，贫穷的女老师怎能配得上自己高贵的家庭和门第呢。父亲大发雷霆，母亲几乎气晕了过去，大学生终于屈从了父母的意志。失恋的痛苦折磨着善良的玛丽，她写信给一个表姐准备"向尘世告别"。但是，坚定的信念，使玛丽很快战胜了内心的懦弱，她开始把全部精力放在了自学上。几年后，她又与大学生作了最后一次交谈，但是，他还是那样犹豫、软弱。玛丽毅然动身前往巴黎求学去了。这是一次幸运的失恋。

皮埃尔·居里夫妇

否则,她的历史也许将要重新改写,玛丽也不会成为举世闻名的居里夫人了。

玛丽在巴黎求学期间,一个波兰籍物理教授为物理学家皮埃尔·居里做了牵线搭桥的人,用中国话说,为玛丽和皮埃尔做了"红娘"。

皮埃尔原是一位对女性抱有成见的人。在他的日记中曾这样写道:"女人比我们更加留恋生命,天才的女人是少见的。"

皮埃尔与玛丽第一次见面时,漫不经心地同她握手,伸过来的是一只秀丽纤巧的小手,手指上留有硫酸灼伤的斑痕。

对于年轻有为的科学家皮埃尔,玛丽闻名已久。然而,第一次会见,除了欣喜之外,在这位27岁的姑娘心中还激起了一道波澜。

当晚,皮埃尔和玛丽都失眠了,皮埃尔找出了自己的日记本,把上面关于女性的偏见涂抹得一干二净。一年之后,两人的感情终于找到了共同的节奏,皮埃尔在给玛丽的信中写道:"如果我们能够生活在一起,那该有多好啊!"

1805年,玛丽和皮埃尔在充满诗情画意的夏天里结婚了。玛丽的婚礼没有白礼服,没有金戒指,也没有按照当地的习俗到教堂去举行仪式。亲友们来祝贺他们的结合,这对新婚夫妇用亲友的馈赠,购买了两辆新自行车。婚后的蜜月,玛丽和皮埃尔骑着两辆新自行车,在附近森林中崎岖的小道上漫游。累了坐在大树下,吃着带来的面包、香肠、干酪和梨。他们尽情享受着只有两个人在一起时的宁静之乐。晚上,到一家就近的小客店里去住。吃完了晚餐之后,话题自然而然地转到物理学研究中的某一个难点上来。

理化学校的校长同意玛丽在皮埃尔的实验室里继续进行她的钢磁化性能研究。在那些日子里,玛丽白天做科学研究,回家

广角镜

巴黎的历史沿革

公元508年,法兰克王国定都巴黎。10世纪末,雨果·卡佩国王在此建造了皇宫。此后又经过了两三个世纪,巴黎的主人换成了菲利浦·奥古斯都(1165－1223年)。此时的巴黎已发展到塞纳河两岸,教堂、建筑比比皆是,成为当时西方的政治文化中心。

后料理家务,学会了煮牛肉和煎土豆片。晚饭后,她坐在一张没有上漆的白木桌子的一端,在煤油灯下准备着大学毕业生的职业考试。皮埃尔坐在这张桌子的另一端,准备明天要上的课。他们不说话,只有翻书页的声音和钢笔尖在纸上摩擦的声音。偶尔,他俩不约而同地抬起头来,相互望一眼,交换一个深情的微笑,又低头专心干他们自己的事,一直到凌晨两三点钟。

◎镭的发现

婚后第三年,玛丽生了一个女儿。玛丽下决心把对科学的热爱和做母亲的责任同时担负起来。她每天给女儿喂奶、换尿布。幸好玛丽的公公给了她很大的帮助。这位老人细心地看管这个小女孩,使玛丽有较多的时间从事她喜爱的科研工作。

那时玛丽已经考取了硕士学位,也写完了钢磁化性能的专论。下一步她该做什么呢?

按照一般的顺序,当然是准备考博士学位。可是选一个什么样的研究题目呢?玛丽仔细阅读了物理学方面的最近论著,想找出一个新奇的有希望的研究课题来。

玛丽看到一份报告,是法国物理学家贝克勒尔写的,内容是关于他发现铀矿石会放出看不见的射线,而使底片感光

拓展阅读

磁 化

磁化是指使原来不具有磁性的物质获得磁性的过程。一些物体在磁体或电流的作用下会获得磁性,这种现象叫做磁化。

磁性材料里面分成很多微小的区域,每一个微小区域就叫一个磁畴,每一个磁畴都有自己的磁距(即一个微小的磁场)。一般情况下,各个磁畴的磁距方向不同,磁场互相抵消,所以整个材料对外就不显磁性。当各个磁畴的方向趋于一致时,整块材料对外就显示出磁性。所谓的磁化就是要让磁性材料中磁畴的磁距方向变得一致。当对外不显磁性的材料被放进另一个强磁场中时,就会被磁化,但是,不是所有材料都可以磁化的,只有少数金属及金属化合物可以被磁化。

的研究。这真是一种奇妙的现象。这种射线是从那儿来的？具有什么性质？这是一个好题目，还没有人做过详细的研究，正可写一篇绝妙的博士论文！

玛丽的想法得到了皮埃尔的支持。于是她便立刻动手，搜罗了一些铀矿石，一个皮埃尔和他的哥哥以前所发明的压电石英静电计和测量器，一个电离室，此外便是一些瓶子。还要找一个地方来从事她的试验。经皮埃尔多次向理化学校校长请求，同意让他们使用一间空着的小贮藏室。这间房子阴暗、潮湿，对灵敏的测电器是极为不利的。不过玛丽倒觉得无关紧要，她首先是测量射线使空气电离的力量。多次的实验证明：射线的强度和矿石铀的含量成比例，和外界的光照、温度无关。这结果已使当时的物理学界震惊。

玛丽想来想去，觉得这种独立的射线现象一定是某一种原子的特性。铀具有这种特性，别的元素难道不具备这种特性吗？玛丽把能弄到的元素或它的化合物都逐个儿检查。结果，她发现另外一种元素钍的化合物也会自动发出射线。玛丽认为：必须给这种独立的放射现象另起一个名称，就叫做"放射性"。

玛丽简直被放射性迷住了。由于好奇心的驱使，她几乎检查了所有的盐类、化合物、矿物质，软的、硬的以及各种奇形怪状的东西。她明白了：凡是含有铀或钍的物质，都具有放射性。

玛丽就专门研究那些有放射性的矿物。她发现，有一种铀沥青矿石的放射性，比其中铀的放射性大得多。难道是仪器不准，或是操作有毛病？可是反复几十次，证明测量没有错。这种过度的放射性是哪儿来的呢？玛丽想：在这种矿石中，一定含有一种放射性比铀或钍强得多的新元素。

拓展思考

元素与化合物和单质的主要区别

三者的主要区别是：元素是组成物质的成分，而单质和化合物是指元素的两种存在形式，是具体的物质。元素可以组成单质和化合物，而单质不能组成化合物。

玛丽的发现使皮埃尔也感到惊奇,他决定暂时停止自己在结晶学方面的研究,用他的全部力量和玛丽一起研究这种神奇的新元素。

这种强放射性既然是由一种新元素所产生,就一定要把它找出来。可是铀矿石的成分早就化验过了,并没有发现什么未知物质。由此可知,这种新元素在矿石中的含量一定非常非常少,以致于当时所用的分析方法都发现不了它。他们悲观地估计,至多不超过1%。

玛丽和皮埃尔用化学的方法,把这种矿石的各种成分分开,然后个别测量它们的放射性。经过反复地排查,发现放射性主要集中在两种化学成分里,这是两种不同的新元素存在的象征。他们认为,现在已经可以宣布发现了这两种元素之一。

皮埃尔对玛丽说:"你给它起个名字吧!"

玛丽的祖国波兰当时已经不存在了,她喃喃地说:"为了纪念我的祖国,把它叫做'钋'(钋是波兰的意思)吧!"

玛丽把这一发现,写在1898年7月给理科博士院的报告里。同年12月,在另一份报告里写道:"还发现另一种有强放射性的新元素,它放出的射线强到了是纯铀的900倍。我们提议叫它'镭'(镭是放射的意思)。"

◎ 三年苦役和0.1克镭

这个发现使当时的物理学界大为惊奇。有人高兴,也有人怀疑。也有人毫不客气地提出来:"你说你发现了新元素,可是我们没有看见,你能把它放在瓶子里,用酸来化验它?它的原子量是多少?把新元素拿给我们看看,我就相信。"

为了把钋和镭指给不相信的人看,玛丽和皮埃尔决心要把它提炼出来。根据以往的试验,钋是一个不稳定的东西,提炼起来比较困难,他们决定先提取镭。可是手头的沥青铀矿石太少了。按照他们当时作百分之一含量的"悲观"估计,要想提取看得见的一点镭,估计至少也得一吨矿石。哪儿去弄那么多原料呢?过去的研究全是花他们自己的钱,政府并没有给他们经费。

他们打听到在波希米亚的一个矿上正在用这种矿石提炼制玻璃用的铀盐，剩下的残渣就作为废物不要了。这些废物中一定也可提炼出镭来。皮埃尔请维尔纳科学院的著名地质学家绪斯教授向这个矿的经理说情，能否以廉价购买一吨残渣。出乎意料的，这位好心的经理决定赠送一吨残渣给这两个"疯子"使用，并答应以后如果还需要，可以用便宜的价格卖给他们。

镭

玛丽雇了一辆运煤的马车将矿石残渣运回。搬运工人把这些废物装进几十个大麻袋里，拉到玛丽在学校的那间小工作室前。残渣运到的那一天，玛丽高兴极了。她立刻解开口袋，双手捧起那些灰褐色的东西，还夹杂着不少松针和泥土。玛丽仿佛看到，镭就在里面。那么多大麻袋都卸在露天。但是得找个地方来进行提炼镭的试验呀！皮埃尔去找理化学校的校长，请求他给一间屋子。校长一向是支持皮埃尔工作的，可是他摊着双手表示：哪有空屋子呢？

玛丽原来的小工作室对面有一个院子，院子的一侧有一个小木板屋，原来是大学的医学院当解剖室用的。现在这间屋年久失修，玻璃天窗漏雨，板壁破裂透风，很久没有人愿意使用这个破屋子。屋里只有一张会摇动的桌子，一个没有门的柜子，一个铁火炉，一截锈烂了的烟囱。墙上挂了一块小黑板，留有几个粉笔字的残迹。

当皮埃尔向校长提出可否使用那间破木屋时，校长说："那间破屋子还能用吗？你们觉得能用就用吧！"居里夫妇对此已经感到满意了，赶紧向校长致谢，并不断地说："那就行了，我们自己会去安排的。"

他们立刻在那间木屋里忙碌起来，没有什么大型的器械，只有坩埚、烧杯、曲颈甑、大大小小的瓶子，还有两双手。他们把矿石残渣一千克一千克地加热、蒸干、结晶。这种工作是在院子里的空地上做的，因为有难闻的气味和烟雾。

玛丽身穿粗布衣服，沾满了灰尘和酸渍，手拿一根大铁棍，一连几个小时地搅动着呛人的溶液。她的头发被风吹得飘起来，眼睛和咽喉被烟刺激得红肿。皮埃尔则在木屋里专心做他的试验工作，因为他善于摆弄仪器。碰到下雨天，只好匆匆忙忙地把这些东西搬到木屋里来，把门窗打开，好让烟散出去。雨水透过屋顶一滴一滴地落下来。他们只好用粉笔在地上划出记号，把仪器放在不滴水的地方。冬天，尽管那个铁炉子烧得透红，也只有离炉子很近的地方才感到有些温暖，稍远一点就如冰窖。

偶尔有一些物理或化学方面的同行来看看镭提炼得怎么样了。理化学校一个实验室工人叫伯弟，出于个人的热心，自愿给他们帮些忙。另一个青年化学家安德烈·德比尔纳对提炼镭很感兴趣，常常到木屋来看他们。

玛丽一锅一锅地提炼着这些谁也不要的东西，一吨残渣用完了，又去运来了许多。一次又一次的蒸浓、结晶，可是所得的非常少。他们当初所作的悲观估计只有含量为百分之一，实在是太过于乐观了，看来最多只有百万分之一。这种无休止的奋斗，使皮埃尔产生了暂停这项工作的念头。可是玛丽非常坚决，她把全部体力劳动都承担起来，到了晚上简直筋疲力尽。她独自一个人就是一座工厂，这使皮埃尔大为感动，也下决心干到底。这种枯燥的工作日继以月，月继以年。有一次玛丽对皮埃尔说："我真想知道，镭会是什么样子？"皮埃尔眯起了眼睛说："我不知道……不过，我相信它会有很美丽的颜色。"

从宣布镭存在的那天起，时间已过去 3 年 9 个月了。居里夫妇经过漫长的艰苦奋斗，终于从 30 多吨残渣里，提炼出 0.1 克的镭，并且测定了它的原子量。人们可以想象，在这漫长的岁月里，有多少个艰苦劳动的白天，有多少个不可名状的焦心期待的黑夜。这需要有钢铁般的意志，还要有坚韧不拔的毅力。

那天晚上 9 点钟，玛丽坐在她 4 岁的小女儿的床边，一直等到女儿发出了均匀的鼾声。她站起身来，轻轻地走下楼去，手里拿着针线，坐在皮埃尔对面，缝着小女儿的衣服。可是她老是安不下心来，总记挂着刚刚提炼出来的镭。她对皮埃尔说:"我们到那儿去一会好不好?"

皮埃尔的心情和她一样,他们立刻穿上外衣,出了门,挽臂步行。谁也没有说话,默默地穿过街道,进入那个熟悉的院子。皮埃尔把钥匙插入锁孔,听到那扇门板转动时轧轧作响过几千次的声音。

在漆黑的小屋里,一个放在桌上的极小的瓶子里发出闪烁的、淡蓝的荧光。玛丽和皮埃尔没有点灯,她俩坐在木凳上,身体向前倾斜,久久地望着这神秘的微光。那就是新发现的放射性镭所发出来的。

就是这0.1克镭,揭开了原子时代的序幕,成为现代科学史上一项划时代的伟大发现。

原子核的发现

有"核子科学之父"尊称的卢瑟福,终生从事原子结构和放射性的研究。卢瑟福幼年时期是个普普通通的孩子,由于家境贫寒,他不得不和哥哥姐姐们一起,经常帮助父亲去农场干活,或到牛棚里帮母亲挤牛奶。

传记作家在描绘卢瑟福时说:"也许除了他那惊人的自制力以外,在其他任何方面,卢瑟福都谈不上还有什么特别出众之处。"1889年,当卢瑟福18岁时,他那惊人的自制力给他带来了第一次奖赏和报酬。他所在的中学校长鼓励他参加初级大学奖学金的考试,如果考上了,他就可以进入新西兰大学的坎特伯雷学院继续深造。虽然他对考试的结果没有半点把握,但他最后还是同意去试一试。正

欧内斯特·卢瑟福

像许多聪明的孩子一样，他总是过低地估计自己的才能。

奖学金考试结果揭晓了，当他的母亲急急忙忙地赶来告诉他时，卢瑟福正在菜园里挖马铃薯。

"卢瑟福，你考上了！"母亲兴奋地大声嚷道。

"考上了什么？"他一时弄不清母亲指的是什么。当他突然明白母亲的话时，用力甩掉了手中的铁锹，缓慢而平静地说："这也许就是我要挖的最后一颗马铃薯吧！"

这次奖学金的获得是卢瑟福未来登上科学高峰的起点。卢瑟福后来常说：要不是在乡村里获得奖学金，使我进入纳尔逊学院，我可能会成为一个农民，而我那特殊的才能也将永无用武之地了。从此，在科学道路上，卢瑟福勇往直前，顽强进取。有人在他实验室大门的右端，雕刻着一条鳄鱼，因为鳄鱼是一种从不向后看的动物，它象征着卢瑟福在事业上执著追求的刚强性格。他取得了成功后，家乡的父老说："乡下小孩发了迹。"

卢瑟福提出的原子核式模型

艰难的阶梯

卢瑟福不是个古怪人物，他体魄健壮，很像农民，他总是谦虚地同实验室里的朋友和同事一起讨论问题，甚至做"讲夸张故事"的比赛。由于和谐相处，坦诚相见，所以卢瑟福实验室的研究工作，很有成绩。

古代哲学家认为，原子是不可分割的最小物质单元，后来人们又认识到原子内有电子存在。但是，原子学说对此始终无法解答，更不能证明是否有单个原子存在。而卢瑟福迈出了决定性的一步。

1911年，卢瑟福完成了闻名的α粒子散射实验，证实了原子核的存在，建立了原子的核模型。

知识小链接

新西兰

新西兰，又译纽西兰，位于太平洋西南部，是个岛屿国家。新西兰两大岛屿以库克海峡分隔，南岛邻近南极洲，北岛与斐济及汤加相望。面积26.8万平方公里。首都惠灵顿，最大的城市是奥克兰。新西兰经济蓬勃，属于发达国家。过去20年，新西兰经济成功地从农业为主，转型为具有国际竞争力的工业化自由市场经济。鹿茸、羊肉、奶制品和粗羊毛的出口值皆为世界第一。新西兰气候宜人、环境清新、风景优美、旅游胜地遍布、森林资源丰富、地表景观富变化，生活水平也相当高，排名联合国人类发展指数第3位。

人们对原子模型曾作过各种各样的猜测。卢瑟福的老师汤姆逊提出：球形的原子内部均匀地分布着阳电荷，带阴电的电子夹杂其中。这个原子模型在科学史上被称为"西瓜模型"，因为它像一个西瓜：整个西瓜分布着阳电荷，而瓜籽带阴电荷，所以对整个"西瓜"——原子而言——显现中性。按照"西瓜模型"，如果用Ⅱ粒子轰击原子，Ⅱ粒子会很容易地穿过这个原子，而不至于发生Ⅱ粒子的散射现象。然而，卢瑟福和他的学生们做了多次的实验，表明汤姆逊的结论不符合事实。

原 子

原子指化学反应的基本微粒，原子在化学反应中不可分割。原子质量极小，且99.9%集中在原子核。原子核外分布着电子，电子跃迁产生光谱，电子决定了一个元素的化学性质，并且对原子的磁性有着很大的影响。所有质子数相同的原子组成元素，每一种元素至少有一种不稳定的同位素，可以进行放射性衰变。原子最早是哲学上具有本体论意义的抽象概念，随着人类认识的进步，原子逐渐从抽象的概念逐渐成为科学的理论。原子核以及电子属于微观粒子。

当卢瑟福以高能量的 Q 粒子流来轰击金属箔时，发现了一种奇妙的现象：大多数 Q 粒子穿过金属箔后依然沿直线前进，但有少数 Q 粒子偏离了原来的运动方向，还有个别的 Q 粒子被弹射回来，即和原来的入射方向恰好相反。这种偏离现象称为 Q 粒子的散射。那些少数的不依原来的入射方向前进的 Q 粒子的行为，好比一个弹球打在一块硬石上，弹球被反射回来或被弹到别处一样。

同学们玩玻璃球时，会有这样的体验：玻璃球打到玻璃球，其中之一必定会弹射到别的方向去，而玻璃球打到小砂粒上，决不会弹射回来，因为玻璃球比砂粒大的多。同样，由于 Q 粒子的质量要比电子的大约大 7000～8000 倍，因此，电子是不可能将 Q 粒子弹回的。

知识小链接

卢瑟福

欧内斯特·卢瑟福被公认为是 20 世纪最伟大的实验物理学家，在放射性和原子结构等方面，都做出了重大的贡献。他还是最先研究核物理的人。除了理论上非常重要以外，他的发现还在很大范围内有重要的应用，如核电站、放射标志物以及运用放射性测定年代。他对世界的影响力极其重要，并正在增长，其影响还将持久保持下去。他被称为近代原子核物理学之父。

卢瑟福作了在各种金属薄膜下的 Q 粒子流的散射实验，计算了在不同方向上散射的粒子数。通过实验、观察和计算，一副崭新的原子图就出现在他的面前：原子具有很小的、坚硬的、很重的并且带正电的中心核。卢瑟福把这个核称之为"原子核"。

卢瑟福假定，环绕着核的大量电子是在电磁引力作用下旋转的。看起来，它多少类似于环绕着太阳运转，并以万有引力维系着运动轨道的行星系。因此，后来有人把卢瑟福的原子模型称为"小太阳系"。

原子具有核的结构这一物理学思想，对于当时的物理学家和化学家都是一个巨大的震动。核模型的建立对原子物理学的发展起了重大作用。虽然今天对原子结构已有更精确的认识，但人们还经常用这种模型作为原子结构的直观的粗线图，也就是我们在各种杂志报纸、宣传画上常常可以看到的作为科学技术象

卢瑟福原子结构模型

征的原子图像。因此，科学家们称卢瑟福是"近代原子物理学的真正奠基者"。

自从发现放射性物质以后，人们总是在考虑以人工的方法使自然界中一些元素的原子核转变为另一元素的原子核。第一个实现这种思想的又是卢瑟福。他在1919年用实验证明了这一点。

卢瑟福用Ⅱ粒子轰击氮原子核，会从它里面打出一粒碎屑，这粒碎屑在涂着硫化锌的荧光屏上发出闪光。后来，科学家们又成功地把这种"星球相撞事件"拍摄成了立体照片。

研究了碎屑之后，知道氮原子核并吞了Ⅱ粒子，变成了氢原子核（质子）和原子量不是16而是17的氧原子核，普通氧原子的原子量是16。

于是，人们把一种元素转变成另外一种元素的研究初次成功了。

炼金家徒劳了多少世纪，妄想找到把铅和铜变成黄金的"哲人石"。要达到这个目的，那些炼金家不仅仅是知识不够，而且手里也没有这种能够打破原子的工具和能量。

在炼金家炉子的烈焰里，原子核始终没有变化。即使现代的那种温度高达几千度的电炉也未必能够破坏它。

可是现代炼金家——核科学家终于学会了转变元素。

卢瑟福以Ⅱ粒子轰击氮核后，元素氮转变为氧的同位素氧-17，并放出一个质子。卢瑟福和查德威克还测量了质子的射程，他们发现从硼到钾的所

有轻元素中,除碳和氧以外,都可以用 Q 粒子轰击,使它们产生嬗变并放出质子。此外,卢瑟福还曾预言中子和正电子的存在。卢瑟福关于原子核的种种研究和发现,实际为原子能的利用起了先导作用。

卢瑟福否定了"原子是不可再分的"、"电是一种连续的、均匀的液体"、"原子永恒不变"的学说。他正确地指出:"看来很清楚,在如此微小的距离内,带电粒子间的普通的力学定律显然已经破产了。"既认定旧定律不适用于新领域,就需要努力探索新领域的新规律。

卢瑟福坚信自己的信念"是建筑在坚固的事实的岩石之上的"。

卢瑟福在 1920 年的一次演讲中,有一个极为出色的预言,认为在原子的某个地方,可能存在着一个尚未被察觉到的中性粒子,而一经发现这种中性粒子,很可能比 Q 粒子的用途要大得多,"它能自由地穿过物体,但却不能把它控制在一个密封的容器中。"

卢瑟福所预言的这种粒子就是后来所说的中子,它是 12 年后,查德威克在卡文迪许实验室里发现的。这是在原子能利用的历史上具有重大意义的事件。

又过了 6 年多,哈恩用中子使铀核发生了裂变。紧接着,玻尔、费米、约里奥、西拉德等分别实现了由中子引起的铀裂变的链式反应,从而为原子能的释放及利用找到了实施的途径。

卢瑟福在原子科学中的贡献,总结起来有下列几个方面:

提出假设,原子内部存在着一个质量大、体积小、带正电荷的部分——原子核。

原子内部的结构像行星系一样,有一个处于原子中心的原子核,有若干个绕核运转的电子。核带正电,电子带负电,核正电量与电子总负电量相等,所以原子显中性。

核和电子较原子小得多,如果把原子的直径放大到北京人民大会堂一般大,那么核或者电子也不过黄豆一样大,由此可以想象到原子内部是何等的空旷啊!

核的质量较电子的大得多。核的质量可以是一个氧单位的一倍到二三百倍,而电子的质量约是一个氧单位的1/1840,所以可以认为,原子的质量主要集中在它的核上。(一个氧单位是氧原子质量的1/16)

查德威克

1932年,从英国著名的剑桥大学卡文迪许实验室里,传出一条惊人的消息:"中子发现了。"它是英国著名物理学家查德威克用 α 粒子轰击元素铍的实验中发现的。查德威克是现代原子科学奠基人卢瑟福的学生。

詹姆斯·查德威克,1891年10月20日出生于英国的曼彻斯特。上中学时,他各门功课成绩平均发展。他给人的印象是沉默寡言,但他的学习方法却有独到之处。无论是平时做作业还是参加考试,凡是他不懂的题目就不做,决不为应付作业或取得高分而马虎从事;他会做的题目,则做得一丝不苟,力求100%地正确。他的座右铭是:"不成功则已,要成功,成绩就应该是颠扑不破的。"正是由于这种不图虚名、实事求是的精神,使他一生的科学研究屡获成功。1908年,查得威克考入曼彻斯特大学,学习物理学。由于他的物理成绩突出,1911年,他在曼彻斯特大学毕业时,荣获物理优等生的称号。

詹姆斯·查德威克

大学毕业后,他被留校任教。第二年,他考取了卢瑟福的研究生。在这位原子核物理学大师的指导下，研究放射线的几个课题。不久，他用α射线穿过金属箔时发生偏离的实验，有力地证实了原子核的存在。两年后，他获取了理科硕士学位。同时因学习成绩优异获奖学金去德国夏洛滕堡大学，跟随计数管的发明者盖革学习放射性粒子探测技术。

正当他以全部的热情投身于科学研究的时候，第一次世界大战爆发，英国和德国成了敌对的交战国。当时在柏林全身心投入科研工作的查德威克，迟迟未撤离德国。虽然他根本没有参加过战争，却被德国政府当作"战俘"扣留在柏林郊区的一个集中营里。这对于一个酷爱科学的人来说，不得不放弃心爱的科学研究，是十分痛苦的事。但是，他并没有绝望，借助于德国同行普朗克、能斯特和梅特涅的帮助，查德威克和其他几位战俘科学家居然在集中营里造起了一间小小的研究室。一开始，他们只有6个人，用了一间能拴两匹马的破马棚，做起放射性实验来。他还写信告诉他在英国的老师卢瑟福说："我在这里正专心致志地研究β射线。"

1919年，残酷的战争结束了。德国是战败国，无条件地释放了所有的战俘，查德威克获得了自由，回到了英国。这时他的老师卢瑟福已调至剑桥大学担任卡文迪许实验室主任，他也随之来到剑桥大学，重新在卢瑟福的指导下从事放射性研究。

知识小链接

剑桥大学

剑桥大学位于英格兰的剑桥镇，是英国也是全世界最顶尖的大学之一。英国许多著名的科学家、作家、政治家都来自于这所大学。剑桥大学也是诞生最多诺贝尔奖得主的高等学府，88名诺贝尔奖获得者曾经在此执教或学习，70多人是剑桥大学的学生。剑桥大学和牛津大学齐名为英国的两所最优秀的大学，被合称为"Oxbridge"剑桥大学还是英国的名校联盟"罗素集团"和欧洲的大学联盟科英布拉集团的成员。

1920年，查德威克通过对α粒子散射所进行的测量，最先测定了原子核所带的绝对电量，即核电荷数。

早在1919年，卢瑟福用氮第一次探测到核蜕变效应。此后查德威克在老师这项研究的基础上，继续向前探索，发现了γ射线引起的核蜕变。由于他在研究上的出色成绩，1923年他被提升为剑桥大学卡文迪许实验室副主任。他与老师卢瑟福密切合作，使这个实验室吸收了不少很有名望的学者，共同从事粒子的研究，取得了一系列重要的科研成果。此时，他本人也深深为利物浦的艾琳·斯图尔特·布朗小姐所爱慕。1925年，34岁的查德威克和她喜结良缘。

结婚后，查德威克和布朗小姐过着美满的家庭生活，他有两个女儿。业余时间他爱好园艺，兴致浓的时候还带着妻子女儿一起去河边垂钓。可是后来他常常连续几个月不回家，是什么使他这么着迷呢？

原来，早在1896年，法国科学家亨利·贝克勒尔发现放射性现象，当时物理学家把它解释为原子核的自发衰变，这说明原子核是由许多更小的微观粒子构成的。后来发现了电子和质子，并且知道质子是原子核的一个组成部分。然而，除了氢以外，所有元素的原子量和质子数都不相等，这说明原子核中除质子外还应该有一种不带电的粒子存在。这一想法最先是丹麦著名物理学家玻尔提出来的，接着他把这一想法告诉了卢瑟福。卢瑟福心想：原子中有带负电的电子，有带正电的质子，为什么不可以有一种不带电的"中子"呢？于是卢瑟福就组织他的学生在卡文迪许实验室开始进行一项规模巨大的实验计划，希望能把这种不带电的"中子"从轻元素的原子核中"踢"出来，从而直接证明它们的存在。但经过多年的艰苦努力，用各种不同的轻元素分别做实验都没有取得成功。但是卢瑟福关于中子的想法却牢牢印在了查德威克的脑海中。

1930年，德国物理学家玻西在一次国际会议上报告说，他在用α粒子轰击铍靶时观察到一种前所未见的很强的辐射，它能穿透几厘米厚的铅板。据当时所知，被轰击物质产生的所有射线中，只有γ射线能够穿透厚铅板，于是他没有再做深入研究，就将它当作γ射线做了报道。

一年后，法国物理学家约里奥·居里夫妇重做了玻西的实验，得到了相同的结果。他们拿来一种物体放在射线经过的路径上进行实验。当由碳和氢两种轻原子构成的石蜡碰到这种射线时，他们发现石蜡的质子被打了出来。当时谁也没有发现过γ射线有如此性能。于是约里奥·居里夫妇就报道说他们发现了γ射线的新作用，至于这种射线究竟是不是γ射线，他们却没有去深入思考。

对于这种现象的出现，倒使查德威克想起了卢瑟福的预言。于是，他带着寻找中子的强烈愿望，一头扎进了实验室里，一连几个月也没有离开实验室一步，成百次的实验，使他忘记了心爱的女儿和无时不在牵挂他的妻子。他发现这种穿透力极强的射线，运动速度与γ射线大不相同，γ射线几乎以光速前进，而这种射线的行进速度仅有光速的1/10。

查德威克进一步向前探索，用这种射线打击别的物体，发现其中的个别粒子能以极大的力量打进该物体的原子核内，从而撞出该核内的质子来。这更是γ射线做不到的，因为γ射线没有质量，当然也就没有动量，因而根本不能将质子从原子里撞出。查德威克由此推断，这种射线不是γ射线，而是由比电子大得多甚至与质子一样大的粒子组成的。

1932年，查德威克继续实验，打算测出这种射线粒子的质量。有一天他又钻进实验室里，重复他的实验。当他得到这种新射线粒子后，又用这种粒子轰击硼，从新产生的原子核所增加的质量，计算加到硼中去的这种粒子的质量，结果算出新粒子的质量与质子大致相等。这时，他终于看到，玻西和居里夫妇说的γ射线，正是老师卢瑟福预言的不带电的粒子——中子。

"中子！这是我们多年寻找的中子！"查德威克兴奋地喊道，全实验室的人们都闻讯围了上来，与他共同分享这成功的喜悦。

查德威克成名了，他的中子论已经被后来的无数科学实验所证实。为了奖励他在中子的发现和研究中的杰出贡献，诺贝尔基金会决定将1935

年度的诺贝尔物理学奖颁发给他。随之接踵而至的是各种光荣的称号，就连英国皇家的婚丧喜庆也下请柬邀他，他对此一点也不感兴趣。他非常感慨地说：

"学者有时需要适可而止的鼓励。但实际上，那些鼓励根本无助于学者的智慧。所以我要奉劝世人，不要把学者捧上了天，更不应该把他们当成工具。"

当他发现自己眼看要从一个学者变成人间的点缀品和装饰物时，他在皇家学会举行的大会上痛心疾首地呼喊："剥夺科学家的时间，等于公然摧残人类的知识和文明。"

中子的发现，不仅为人类认识原子核的结构打开了大门，而且还在理论上带来了一系列深刻的变革。中子发现后不久，德国物理学家海森堡提出了原子核是由质子和中子组成的模型，这种模型解释了当元素以递增质量排列时，为什么原子量的增大要比原子序数的增大快得多，而且说明了特定元素的同位素都包含相同个数的质子，但包含不同个数的中子。

第二次世界大战期间，查德威克先是在英国致力于铀的分离工作。后来，他作为英国代表团团长，率领一批科技专家前往美国的原子弹研制中心洛斯阿拉莫斯，参加首批原子弹的研制工作，即"曼哈顿计划"。当第一颗原子弹试制成

> **你知道吗**
>
> **第二次世界大战**
>
> 1939年9月1日—1945年9月2日，以德国、意大利、日本法西斯等轴心国为一方，以反法西斯同盟和全世界反法西斯力量为另一方进行的第二次全球规模的战争。从欧洲到亚洲，从大西洋到太平洋，先后有61个国家和地区、20亿以上的人口被卷入战争，作战区域面积2200万平方千米。据不完全统计，战争中军民共伤亡9000余万人，4万多亿美元付诸流水。第二次世界大战最后以美国、苏联、中国、英国等反法西斯国家和世界人民战胜法西斯侵略者赢得世界和平与进步而告终。

功后，查德威克精疲力尽回到英国。

第二次世界大战结束后，他主要从事核物理和粒子物理的研究工作，开发原子能的利用。

查德威克不仅在科学研究上取得了杰出的成就，而且在教学上也卓有建树。他担任大学教授、院长近 30 年，他以爱护青年学生，教学严肃认真，讲课生动有趣而著称。在他的教育指导下，很多学生后来都成了知名的专家或学者。

1974 年 7 月 24 日，查德威克在剑桥大学辞别了人世，终年 83 岁。他作为当代最杰出的原子核物理学家之一、著名的教育家，他对原子科学所做的贡献永远地载入现代科学史册。

质子和中子的发现

卢瑟福考虑到电子是原子里带负电的粒子，而原子是中性的，那么原子核必然是由带正电的粒子组成的。这粒子的特征是怎样的呢？他又想到氢原子是最轻的原子，那么氢原子核也许就是组成一切原子核的最小微粒，它带 1 个单位正电荷，质量是 1 个氧单位。卢瑟福把它叫做"质子"。这就是卢瑟福的质子假说。1919 年，卢瑟福本人用速度是 20000 千米/秒的"子弹"——Q 粒子去轰击氮、氟、钾等元素的原子核，结果都发现有一种微粒产生，电量是 1，质量是 1，这样的微粒就是质子，这就证明了卢瑟福自己的质子假说是正确的。

卢瑟福考虑到原子核如果完全由质子组成，那么某种元素的原子核所带的正电荷，在数值上一定等于那种元素的原子量，因为元素的原子量，主要是原子核决定的，核外电子的质量是微不足道的。但是事实并不是这样，元素的原子量总是比它的核所带的正电荷数大一倍或一倍以上，这说明原子核里除了质子之外，必然还有一种质量和质子相仿，但却不带电的粒子存在。所以在1920年，他提出了中子假说：原子核里存在一种"中子"微粒，它不带电，质量是一个氧单位。

但是，直到12年以后的1932年，英国物理学家查德威克才在卡文迪许实验室里发现了中子。

这个发现要追溯到德国和法国物理学家们的研究工作。

1930年，德国物理学家博特和贝克尔利用钋发射的Cl粒子去轰击铍、硼和其他轻元素时，他们用尖端式盖革计数管（一种对伽玛射线灵敏的探测器）探测到了有一种穿透力异常大的射线产生。法国物理学家约里奥·居里夫妇，利用一个强得多的钋源进一步研究了受到Ⅱ粒子射击后的铍的辐射现象。他们把铍发射出来的射线解释为"γ射线"，把从含氧物质中打出的质子解释成"γ射线在氢核上的""散射"了。由于他们没有足够地重视理论，这就使他们错过了完成一项重大发现的机会。他们误认为是"γ射线"的，正是人们长期寻找的中子流，并不是γ射线。他们走到了"中子"的门口，却没有发现它。

博　特

1932年，英国物理学家查德威克，对此进行了反复试验，每次他都得到了相同的结果。他进一步察觉这些射线像γ射线和X射线一样不会被磁偏折，可见是中性的。然而，这种射线的运动速度却与之大不相同，只为光速的1/10，比起几乎以光速前进的γ射线来说，简直太慢了。

查德威克继续研究这些射线，发现当这种射线被笔直地引向氮气时，偶然会有个别以极大的力量打进氮原子。如果是Y射线，则没有这种现象发生。查德威克对这种新射线进行了多次试验和能量测量，发现在不同情况下，新射线的能量也不同。他想，这种新射线显然与Y射线不相同，它是由粒子组成的。为了确定粒子的大小，他用这种粒子轰击硼，并从新产生的原子核所增加的质量来计算加到硼中去的这种粒子的质量，结果算出新粒子的质量与质子大致相等。查德威克在卢瑟福的领导下，长期从事寻找中子的研究，理论思维帮助了他从现象中抓到本质，终于悟出：这种新射线正是长期寻找的中子流。这样，他惊人地发现了人们预言的中子。

知识小链接

原子核

世界所有物质都是由分子构成，或直接由原子构成，而原子由带正电的原子核和带负电的核外电子构成，原子核是由带正电荷的质子和不带电荷的中子构成；原子中，质子数＝电子数，因此正负抵消，原子就不显电；原子是个空心球体，原子中大部分的质量都集中在原子核上，电子几乎不占质量，通常忽略不计。

这是科学预言的又一个胜利。

至此，人们在探索原子秘密的道路上，又前进了一大步。所以，中子的发现被誉为原子科学发展的第二个重大发现（第一个重大发现是放射性现象的发现）。

接着，在这个发现的启示下，苏联的伊凡宁柯和德国的海森堡先后提出了原子核是由质子和中子组成的模型（质子和中子统称为核子），使长期存在的原子核结构问题得到了初步解决。

卢瑟福向人们报告了用Q粒子轰击像镁、铝等轻金属的原子核所发生的变化。因此新闻界曾不止一次地为卢瑟福及其助手们在进行的原子转变工作欢呼、喝彩，称他们为现代可以点铁成金的"炼金术士"。是否真能很快地"制造"出金子来呢？

卢瑟福为此发表了公开声明，严正地驳斥了这种过于天真的臆测："把一种金属变为另一种金属并不是不可能的。不过，至少在相当长的一段时间里，企图使之商品化的可能性是不存在的。"

不论在什么情况下，卢瑟福同科学界绝大多数学者一样，对自己所从事的科学工作的商业利益毫无兴趣，他们只对扩展知识领域有兴趣。他们的目的并不在于把廉价的金属转变为昂贵的金属，而是为了探索元素之间相互转变的可能性。

卢瑟福对原子的研究虽然取得那么突出的成果，但他对于原子能量的开发利用却抱着一种悲观的态度。1933年9月，他在不列颠协会的演说中声称：

"通过这些方法，我们可能获得比目前提供的质子高得多的能量，但一般说来，我们不能指望通过这种途径来取得能量。这种生产能的方法是极端可怜的，效率也是极低的。把原子核变看成是一种动力来源，只不过是纸上谈兵而已。""我们可能永远做不到这一点。"其实，通过原子核的变化取得能量不仅是可能的，而且由此取得的原子能非常巨大，应用非常广泛。

这是卢瑟福在他的科学生涯中走错的一步。这次会上，与会者中的大多数人感到他对将来利用原子能的可能性，未免过于悲观了。

不仅卢瑟福在认识上有错误，当时对于原子核内蕴藏的能量能否实际应用，并没有引起科学家们普遍注意。甚至到了1938年哈恩发现铀核裂变时，核物理学家玻尔还认为，核裂变反应的实际应用是不可能的。连哈恩自己，当他同几个要好的同事辩论他的发明的实用性问题时，对核能的应用还大叫："无疑，这是违反上帝意志的！"

1942年，当科学家们在历史上首次实现了核裂变的自持链式反应，并控制住它的时候，表明原子能不仅可以为人类所利用，而且力量惊人。

同位素

根据查德威克的发现,伊凡宁柯和海森堡为原子核提出了一个新的"质子——中子"模型:原子核是由质子和中子组成的。如果一个原子核包含 X 个质子和 Y 个中子,那么它的原子序数就等于 X,而它的质量数(即核的原子量)就等于 X + Y。

例如氢原子核里有一个质子,它的原子序数是 1,原子量也是 1,可写成:H。氦原子核里有 2 个质子和 2 个中子,它的原子序数是 2,原子量则是 4,可写成 H:He。当时周期表中的最后一个元素是铀。它的原子核

质子和中子组成的原子核

里有 92 个质子和 146 个中子。它的原子序数是 92,而原子量则为 238,故可写成 U。按照质子——中子模型,任何元素的原子量都应接近一个整数。相对于原子,核外电子的质量很小,可忽略不计。

然而,化学家们早已从实验中了解到,绝大多数元素的原子量都是带有小数值的。例如已经测定氯的原子量为 35.5,这个"0.5"是怎么回事呢? 要知道原子核里是不会有半个质子或半个中子的。

事情原来是这样的。天然氯中含有两种氯元素:一种氯元素原子量是 35,核内有 17 个质子和 18 个中子;另一种氯元素原子量是 37,核内有 17 个质子和 20 个中子。这两种氯元素具有相同的质子量,其外层具有相同数量的电子,因此在化学性质上几乎没有任何区别。由于原子序数相同,它们在门捷

原子能与人类生活 艰难的阶梯　　YUANZINENG YU RENLEI SHENGHUO

氢的同位素

列夫周期表内被安排在同一个小格内。这些原子量不同，在周期表内占有同一位置的核素，人们称它们为同位素。

同位素在元素中所占的百分数称为该同位素的丰度。天然元素中各同位素的丰度是相当稳定的。天然氯元素中，35Cl 的丰度为 75%，37Cl 的丰度为 25%。它总是以这个比例参加各种化学反应。因此，它的化学原子量就等于 35.5。

知识小链接

氯

　　氯是人体必需常量元素之一，是维持体液和电解质平衡中所必需的，也是胃液的一种必需成分。自然界中常以氯化物形式存在，最普通形式是食盐。氯在人体含量平均为 1.17g/kg，总量约为 82-100g，占体重的 0.15%，广泛分布于全身。主要以氯离子形式与钠、钾化合存在。其中氯化钾主要在细胞内液，而氯化钠主要在细胞外液中。

　　利用质子——中子模型还可以很方便地解释各种核素的放射性衰变现象。例如铀-238 衰变时会放出一个 Q 粒子（即氦核），这就相当于失去两个质子和两个中子。于是它的原子序数要减 2，它的质子数要减 4。铀-238 就变成了钍-234。

　　除此以外，我们还知道，有相当多的放射性核素是进行 Ⅱ 衰变的。放出一个 Ⅱ 粒子就相当于放出一个电子。然而物理学家泡利证明过，电子在核内是不可能单独存在的。那么这究竟是怎么一回事呢？这里我们可以把中子看成是质子和电子的复合体。当放射性核进行Ⅱ衰变时，核内有一个中子分解，放出一个电子而留下一个解脱了的质子。例如钍－234原子核里有90个质子和144个中子。放出Ⅱ粒子后，中子减少一个，质子增加一个，于是钍－234就变成了钚－234，后者含有91个质子和143个中子。

核素的放射性衰变是自发进行的。它需要多长时间进行衰变，衰变成什么元素，都是不受人的意志控制的。使物质中的放射性核素衰变掉一半所需的时间称为"半衰期"。各种核素都有各自固定的半衰期，从若干分之一秒到成千上万年，不受外界一般条件的影响。稳定核素的半衰期就是无穷大。科学家们认识到，要改变这种局面，必须依靠"核"反应。这种反应发生在原子核内，而不是像化学反应那样，只是发生在原子核外的电子壳层之间。当用各种粒子与原子核进行碰撞时，粒子有时会被核吸收，有时会从核内击出另一些粒子来，通过这种核反应可以人工地制造出新核素。这种核反应也可用质子——中子模型来解释。

泡 利

第一个人为地使原子核发生变化的先驱者，是英国物理学家卢瑟福。他在1919年用Ⅱ粒子去轰击氮－14，结果氮－14放出一个质子而变成了氧－17，首次实现了中世纪炼金术士的梦想：在人的意志下，使一种元素变成另一种元素。物理学家利用各种粒子对不同的元素进行轰击，诱发核反应，结果生产出了1000多种在自然界里并不存在的原子核。

现在看来，要用其他物质炼出黄金并不是不可能实现的愿望。关键是要"凑"到适当的质子数和中子数。当原子核中的质子数为79时，我们

艰难的阶梯

就可得到黄金的各种同位素。它们中有的是带放射性的。只有当核内的中子数为 118 时，才能得到稳定的、与天然开采的黄金完全一样的金原子。

> **知识小链接**
>
> **钍**
>
> 钍：元素符号 Th，元素中文名称钍，元素英文名称 Thorium。原子序数 90，钍原子量 232.0381，元素类型为金属，是天然放射性元素。核内质子数 90，核外电子数 90，核电核数 90，质子质量 $1.5057E-25$，质子相对质量 90.63，所属周期为 7，所属族数为 IIIB，摩尔质量 180。

炼金术士的愿望是将其他物质转变为黄金，而物理学家感兴趣的，是原子核内蕴藏着的巨大能量。

卢瑟福用各种粒子"大炮"对原子轰击了 14 年，试图揭开原子核内部能量之谜。当没有取得什么进展时，他曾惋惜地宣称，人类可能永远无法使原子能在经济上获得巨大效益。然而，他的结论下得早了一点。中子的发现使事情出现了转机。

铀核裂变的发现

在用中子轰击各种元素的原子核时，人们不但发现用中子能实现许多核反应，创造出多种放射性元素（称同位素），同时还发现：中子竟是一把打开原子能宝库的钥匙。

1938 年，当第二次世界大战的阴影已经笼罩欧洲上空的时候，人类科学技术史上完成了一项重大发现——铀核裂变现象的发现。从此，原子科学又翻开了新的一页，原子科学的历史从原子核物理研究进入到原子能技术革命的崭新阶段。

知识小链接

罗马大学

罗马大学即罗马第一大学的简称，又称罗马一大。意大利罗马大学建立于1303年，自由入学制度。是意大利最大的国立大学，教授870人，学生185000，图书馆藏书92200册。大学共设有21个学院（19个学院和航空工程学院、档案和图书馆学院）。

这项重大发现的序幕早在几年以前就已揭开。1934年，当约里奥·居里夫妇发现人工放射性元素的消息传出后，意大利罗马大学的一些青年物理学家，在年轻的费米的领导下，决定做类似的实验。他们已经不用Ⅱ粒子做炮弹，而是用刚刚发现不久的中子做炮弹来轰击原子核。

在用中子轰击周期表中许多元素的原子核试验中，最初都像他们所预想的那样，许多元素的原子核都吸收了一个中子。原子核吸收一个中子后，就失去了稳定状态，而放出 B 射线（电子流），原子核放出电子后，变成了周期表中下一位置的元素的原子核。既然一种元素的原子核吸收一个中子会衰变为周期表中的下一个元素的原子核，那么当使周期表中的最后一个元素（原子序数为92的铀）的原子核吸收一个中子时，会产生什么现象呢？他们设想，可能会产生新的、人们还不知道的超铀元素（即铀后面的新元素，也叫铀后元素）。

费 米

费米等人对这个令人感兴趣的问题进行了试验。他们用中子轰击铀，企图得到原子序数为93、94的人造元素,可是所获得的都是一些令人迷惑、无法精确分析的放射性物质。其实,这些物质后来查明,已经蕴藏着新的重大发现。而费米等人则认为已经创造出了原子序数为93的超铀元素。由于未能测出这个核反应的生成物,所以错过了发现铀核裂变重大秘密的机会。

这里失误的主要原因是:在当时这些物理学家中间,没有熟悉必要的化学分析的人,至使这一重大发现推迟了5年。如果当时能组织多专业攻关,突破难点,可能会很快就搞清楚这一问题。

与此同时,德国柏林凯撒·威廉研究所的放射化学家哈恩和斯特拉斯曼,以及法国的伊伦·居里和约里奥·居里都对这一问题做了很多试验。但是,由于他们都按着过去已知的核反应规律推断:"元素受到中子的轰击后,生成原子序数增加一的新元素",得出了些错误的结论,也都认为自己发现了93、94、95号等超铀元素,并分别命名为所谓"类铼"、"类锇"、"类铱"等等,即表示是那一类的元素。后来,哈恩和斯特拉斯曼发现,当把钡加到被轰击过的铀中时,它能带出一些放射性。他们认为,这

哈恩和他的助手正在做实验

些放射性应该是镭的,因为镭在元素周期表中正好列在钡的下面。于是,他们认为,铀被中子轰击后,似乎有一部分变成了"镭"。但他们尽了最大努力,这种"镭"还是不能从钡里分离出来。

在世界各地许多实验室中,都进行了类似的实验。这些实验都得到了大致相同的看法,并受到了普遍的赞扬。但德国年轻的诺达克夫妇却不以为然。

他们当时在布列斯高的弗莱堡大学物理化学学院工作。他们对此提出了完全不同的看法，对费米的"超铀元素"做出了否定的结论，认为这位意大利物理学家的实验在化学分析方面没有提出令人信服的论据。也是在1934年，诺达尔夫妇提出了一个大胆的假定，"铀原子核在中子的作用下发生了裂变反应，这个反应与到目前为止发现的原子核反应有很大的区别。似乎在用中子轰击重原子核时，原子核分裂成几个碎片是可能的，而且毫无疑问，这些碎片应该是已知元素的同位素，但不是被轰击元素的相邻元素。"

上述被后来得到证实的极其有价值的假定，在当时并没有引起那些权威人士的重视，更没有得到承认。费米得知这种批评性意见之后，并没有认真地考虑重新研究自己的结论。他按着过去的知识，简单地认为，能量这么低的中子会击破那些坚固的原子核简直是不可能的，也是不可思议的。当他听到世界公认的放射化学权威哈恩也同意自己的看法时，就更加相信自己的正确。所以，费米再一次失去了完成一项重大发现的机会。这是很有才能的费米在科学研究生涯中的一个很大的失误。

费米本来是一个非常细致、一丝不苟的人。他的同事们给他起了一个外号，经常称呼他"教皇"，意思是说，他总是正确的。但毕竟一贯正确不犯错误的人是没有的。费米确实比别人细心、冷静。他在自己家里安装"风斗"时，也要计算一下"通风量"，然后决定尺寸大小，结果发现还是算错了，通风量差了一倍。

在进一步的实验研究中，实验事实更有力地冲击了费米等人的错误论断。

链式反应

1938年，伊伦·居里和沙维奇，从铀的被轰击的产物中发现了一种新的放射性元素，它的化学性质和镧完全相同（后来证明是周期表中的57号元素镧–141）。伊伦·居里发表了他们的成果论文。但是他们并没有弄清楚镧是从何而来。

可是，偏见使哈恩甚至连人家发表的论文也不屑一读。斯特拉斯曼读完这篇论文，马上意识到居里实验室揭示了核反应的一个新问题，这与过去已知的核反应完全不同。他连忙跑到哈恩面前叫道："你一定要读这篇报道！"哈恩仍然漫不经心，不愿阅读。于是，斯特拉斯曼便向哈恩叙述了文章的精华。这个如同惊雷的消息使得哈恩连那根雪茄烟也没有吸完，把还燃着的烟丢在办公桌上就同斯特拉斯曼跑到实验室里去了。

于是，一连几天甚至几个星期哈恩和斯特拉斯曼在实验室里，重复着用中子射击铀原子核的核反应试验。

伊伦·居里

他们经过精密的分析终于也发现，获得的核反应生成物并不是和铀靠近的元素，而是和铀相隔很远，而且原子核比铀要轻得多的钡。这是他们过去万万没有想到的。他们对此感到莫名其妙，无法解释。这本来是一个奇迹，可是这些创造了奇迹的人，当时谁也不知道自己已经创造了奇迹。

哈恩和斯特拉斯曼对于自己的发现，思想上一直处于矛盾之中。他们是化学家，有熟练的化学分析技巧，因此对于这种核反应所产生的生成物深信不疑。但另一方面，从过去的物理学观点来看，又感到似乎不大可能。用中子射击元素周期表上最后一个元素，怎么会产生元素周期表上中间位置的一种元素呢？距离太远了。能把这个结果在众多的原子核物理学家面前公诸于世吗？会不会因此得到取笑而有损于自己的荣誉呢？于是，他们以很谨慎的措施，作了下列结论："我们的'放射性'同位素具有钡的特性，作为研究化学的人,我们应当肯定,这个物质不是镭,而是钡。毫无疑问,在这里不能假定它除了镭或钡以外,还会是别的什么元素……然而,作为研究核物理的人,我们不能做出这样的论断,因为这样的论断与核物理过去的实验是相矛盾的。"

基础小知识

哈 恩

雷纳尔多·哈恩(1874-1947年),委内瑞拉裔法国作曲家。他的父亲是一名犹太人,母亲是巴斯克人。出生在委内瑞拉首都加拉加斯的哈恩3岁就和父母一起来到巴黎,10岁进入巴黎音乐学院。1909年他成为法国公民,一战爆发后,他志愿加入军队作战。战后曾在戛纳和巴黎的歌剧院任指挥,并撰写音乐评论。

他们感到这是一个事实,而且是一个很重要的事实,有必要把这个新发现尽快宣布出去。这样客观地报道一下,又不下任何结论,也许会好些。于是在圣诞节的前夕,哈恩采取了紧急措施,打电话给他的朋友——"斯普林格"出版社的经理罗兹保德博士,请求他在最近一期《自然科学》杂志上留一栏,以便发表一个非常重要的消息。罗兹保德同意了。于是,这篇注明1938年12月22日的报道文章就被送到了邮局。文章送走以后,哈恩又感到有些犹豫不决,甚至想把文章从邮箱里取回来。经再三考虑之后,于是哈恩又给奥地利女物理

梅特纳

学家梅特纳(犹太人)寄了一份论文。因为哈恩与梅特纳曾共事30年,他对自己过去的这位助手非常信任,而梅特纳对他的著作一向铁面无私,批评严厉。大约在5个月以前,她因"第三帝国"的种族法令,不得不逃避希特勒法西斯政权对犹太人的迫害,而迁居到瑞典。

梅特纳在哥德堡附近的海淀公寓接到了哈恩的来信。她当时来到这里,是要度过她流亡中的第一个圣诞节。她有一个年轻的侄子弗瑞士,是从1934年流亡国外在丹麦哥本哈根尼尔斯·玻尔的研究所里工作。这时,弗瑞士正来看望孤独的姑母。梅特纳接到信后很激动。她深知哈恩工作的准确性,很难怀疑他们的化学分析结果。她感到,如果这的确是事实,那么,这个重大的事实,就可以推翻到目前为止在核物理方面那些被认为是反驳不了的概念。梅特纳的思绪纷纭,难以安静。幸好弗瑞士正在她的身边。但弗瑞士总想避免与姑母讨论科学问题,为的是能轻松地度过这个节日。可是梅特纳对这个学术问题唠唠叨叨地讲个没完。姑母的话终于引起了他的注意,激起了他的思考。

一连几天,他们进行了热烈的讨论。最后,他们经过了仔细的考虑以后,接受了玻尔最近设想的原子核"液滴"模型(这是当时物理学家在探讨原子核模型时的许多设想之一)。这就是说,设想原子核像一滴水,当外来的中子闯进这个"液滴"时,"液滴"会发生剧烈的震荡。它开始变成椭圆形,然后变成哑铃形,最后分裂为两半。不过,这个过程的速度快得惊人。

梅特纳和弗瑞士决定将他们两人讨论的结果,合作为一篇论文。当时,在哥本哈根,有一位弗瑞士的朋友叫阿诺德,是美国生物学家。他了解到梅特纳和弗瑞士正在研讨的新问题以后,很感兴趣。他说,根

你知道吗

关于圣诞节的来历

圣诞节这个名称是"基督弥撒"的缩写。弥撒是教会的一种礼拜仪式。圣诞节是一个宗教节。因为把它当作耶稣的诞辰来庆祝,因而又名耶诞节。

YUANZINENG YU RENLEI SHENGHUO

据你们所形容的，原子核就像一滴液滴，它被中子击中以后，就分裂成为两个原子核，这种情形，多么像我在显微镜下面看到的细胞繁殖时的分裂现象啊！想不到原子核也会分裂，大自然的结构是多么的相似，又是多么微妙啊！

梅特纳和弗瑞士听了阿诺德的一番议论，很受启发，他们正

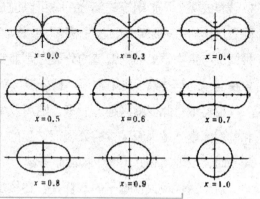

液滴模型

在寻找一个合适的名词，来表示原子核被打破而分裂的现象，现在他们认为，就用细胞分裂的"分裂"（在英文中，原子核的"裂变"和细胞"分裂"，两个名词都叫 siffion。）这个名词，来表示原子分裂，把它称做"核裂变"，或"原子分裂"。

梅特纳认为："由此可以看出，这似乎是可能的，铀原子核在结构上仅具有很小的稳定性，在俘获中子以后，它可以将自身分裂为两个体积大致相等的核。这两个核将相互排斥（因为它们都带有巨大的正电荷），并且能获得总共约为两亿电子伏特的能量。"

至于弗瑞士，他后来描写当时的情况说："我们逐渐清楚了，铀原子

235U 原子核的一种裂变过程

艰难的阶梯

核破裂成两个几乎相等的部分……可以说是完全按照一定的形式发生的。情况是这样的……原始的铀原子核逐渐变形,中部变窄,最后分裂成两半。"这种情况与生物学上细胞繁殖的分裂过程非常相似,这使我们有理由把这种现象在自己的第一篇报告中称为'核分裂'。"

梅特纳对此很感兴趣。后来,她用数学方法分析了实验结果。她推想钡和其他元素就是铀原子核的分裂而产生的。但当她把这类元素的原子量相加起来时,发现其和并不等于铀的原子量,而是小于铀的原子量。

对于这种现象,唯一的解释是:在核反应过程中,发生了质量亏损。怎么去解释所发生的亏损现象呢?梅特纳认为,这个质量亏损的数值正相当于反应所放出的能。于是她又根据爱因斯坦的质能关系式算出了每个铀原子核裂变时会放出的能量。

当弗瑞士从瑞典返回哥本哈根以后,把哈恩的研究工作以及自己与姑母的讨论情况,向玻尔谈了。玻尔听完以后,猛敲自己的前额,大声说道:"啊!我们为什么这么久都没有发现呢?"

知识小链接

瑞 士

瑞士是一个位于欧洲中部(或归类于西欧)的联邦制国家(虽沿用旧称"瑞士邦联",但在1848年改宪后已实行联邦制),与德国、法国、意大利、奥地利及列支敦士登接壤。瑞士是全球最富裕、经济最发达和生活水准最高的国家之一,人均国民生产总值居世界前列,旅游资源丰富,有世界公园的美誉。

弗瑞士赶回实验室去证实他和姑母在瑞典所作的设想。他也用中子轰击铀,每当中子击中铀核时,他观察到了那异常巨大的能量几乎把测量仪表指针逼到刻度盘以外。这样他就完全证实了这个新的观点。

后来,弗瑞士与姑母梅特纳通了长途电话,这时她已经从哥德堡到了斯德哥尔摩,电话中商量好了他们的公报。这份公报终于在1939年2月的《自然》杂志上发表了。

铀核裂变为两个碎片（两个新的原子核）的消息立即传遍了全世界。紧接着各国科学家们都证实：铀核确实是分裂了。

铀核分裂产生的这个能量，比相同质量的化学反应放出的能量大几百万倍以上！就这样，人们发现了"原子的火花"，一种新形式的能量。这个能量就是原子核裂变能，也称核能，或原子能。但当时，人们只注意到了释放出惊人的能量，却忽略了释放中子的问题。稍后，哈恩、约里奥·居里及其同事哈尔班等人又发现了更重要的一点，也是最引人注目的一点，就是：在铀核裂变释放出巨大能量的同时，还放出两三个中子来。

这是又一项惊人的发现。为什么呢？

一个中子打碎一个铀核，产生能量，放出两个中子来；这两个中子又打中另外两个铀核，产生两倍的能量，再放出四个中子来，这四个中子又打中邻近的四个铀核，产生四倍的能量，再放出八个中子来……以此类推，这样的链式反应，也就是一环扣一环的反应，又称连锁反应，持续下去，宛如雪崩，山顶上一团雪滚下来，这团雪带动了其他雪，其他的雪再带动另一块雪，这样连续下去，愈滚愈烈，瞬间就会形成大雪球，滚下山坡，势不可挡。这意味着：极其微小的中子，将有能力释放沉睡在大自然界中几十亿年的物质巨人。

正是由于这一发现，卢瑟福和同他持同样观点的人认为开发利用原子能量的设想是不可能的结论，终于被一种新的

你知道吗

雪　崩

当山坡积雪内部的内聚力抗拒不了它所受到的重力拉引时，便向下滑动，引起大量雪体崩塌，人们把这种自然现象称做雪崩。也有的地方把它叫做"雪塌方""雪流沙"或"推山雪"。同时，它还能引起山体滑坡、山崩和泥石流等可怕的自然现象。因此，雪崩被人们列为积雪山区的一种严重自然灾害。

科学手段所动摇,并且最后被彻底摧毁了。

1944年,哈恩因为发现了"重核裂变反应",荣获该年度的诺贝尔化学奖。但是,在这一研究中曾经与其合作并作出过重大贡献的梅特纳和斯特拉斯曼却没有获此殊荣,对此,人们不免感到遗憾。特别是对梅特纳而言,是她首先创造性地采用了"原子分裂"这个科学史上从来没有过的名词。对此,一直到20世纪的90年代,仍然有人为她和有同样命运的女科学家们感到不平。

不过,尚可欣慰的是,1966年,梅特纳博士和哈恩博士,还有斯特拉斯曼博士共同获得瑞典原子能委员会颁发的5万美元的"恩里科·费米奖"。那时的梅特纳已有80高龄,身体很虚弱,不能到维也纳去领奖,是原子能委员会主席西博格博士亲自到英国剑桥向她授奖的。这对梅特纳博士来说,是极大的荣誉,也是莫大的欣慰。

链式反应

说到"费米奖",这里再回过头来说说费米在1934年时,用中子去轰击铀核,得到了新的放射性元素,于是就宣布自己创造了原子序数为93的超铀元素。其实,那时他已经用实验完成了原子的裂变,只可惜他没能认识到,以至这一发现原子裂变的荣誉被哈恩、梅特纳和斯特拉斯曼等博士所获得。

当发现原子的裂变越来越受到科学界的重视时,费米夫人曾经不无惋惜地对费米说："其实，你在 1934 年所做的那个实验，就完成了原子的分裂。"费米说："是的。"

夫人又说："但是你们没有认出来，而且作了错误的解释。"

费米说："事情正是这样。我们当时没有足够的想象力来设想铀会发生一种与任何其他元素都不一样的转变过程；我们当时试图把放射性产物证明为元素周期表中那些最靠近铀的元素。况且，我们也没有足够的化学知识去一个一个地分离铀原子核受到轰击以后生产的转变产物。"

夫人又问："你们曾经宣布已经创造出来的第 93 号超铀元素呢？"

费米说："我们当时认为可能是第 93 号元素的东西，已被证实是各种转变产物的混合物。我们曾经对此怀疑了很长的时间，现在可以确定它其实并不是了。"

费米真不愧是一位有气度有远见的核科学家，他对自己的失误的剖析，说得是多么坦然和深刻。而且，他很快就放弃了自己的失误，也不为失误感到沮丧。他立即全力以赴地去研究原子裂变，并且对裂变提出了一系列理论。他发现，铀核被分裂为二时，可以放出两个中子，这两个中子再去击中两个铀原子核，它被分裂为四，同时放出四个中子……由此类推，原子的裂变就会这样自发地持续下去，产生一连串的原子分裂，同时不断放出能量。

原子裂变自持链式反应的概念就是这样提出来的，它是利用原子裂变产生能量的重要理论基础。

质能转换的基础——相对论

爱因斯坦早在 1905 年发表狭义相对论的原始论文，作为相对论的一个推论，他又提出了质能关系。这种关系的发展，对解释原子能释放有重大意义。在知道原子能以前，只知道世界上有机械能，如汽车运动的动能；有化学能，如燃烧酒精放出热能转变为二氧化碳气体和水；有电能，当电流通过电炉丝以后，会发出热和光等。这些能量的释放，都不会改变物质的质量，只会改变能量的形式。

基础小知识

爱因斯坦

爱因斯坦，美籍德国犹太裔，理论物理学家，相对论的创立者，现代物理学奠基人。1921年获诺贝尔物理学奖，1999年被美国《时代周刊》评选为"世纪伟人"。

例如，两辆完全相同的汽车，都是5吨，一辆在运动，一辆是静止的，运动的车虽然有动能，但其质量与静止的车是完全一样的，不会因为运动而发生变化；如果运动的车一旦与静止的车发生碰撞，猛然停止时，动能虽然失去了，可我们发现，汽车在相撞处变得很热。这是什么原因呢？汽车的动能转变成了撞击点金属的热能，而汽车的质量仍然没有改变，还是5吨。这是用我们的常识可以理解的。

但爱因斯坦发现质能关系以后，他的理论是，质量也可以转变为能量，而且这种转变的能量非常巨大。

爱因斯坦

例如，原子能比化学反应中释放的热能要大到将近5千万倍：铀核裂变的这种原子能释放形式约为2亿电子伏特（一种能量单位），而碳的燃烧这种化学反应能量仅放出4.1电子伏特。原子能是怎样产生的呢？铀核裂变以后产生碎片，所有这些碎片质量加起来少于裂变以前的铀核，那么，少掉的质量到哪里去了,就是因为转变成了原子能。数学上用 $E = Mc^2$ 的公式来表示,即:能量等于质量乘以光速的平方。由于光速是个很大的数字($C = 3 \times 10^{10}$厘米/秒),所以质量转变为能量后会是个非常巨大的数量。爱因斯坦的理论超出了人们的常识范围,这正是他的过人之处。

爱因斯坦的这个质能关系正确地解释了原子能的来源,奠定了原子能的理论基础。

爱因斯坦与西拉德在一起的情景

由于铀链式反应在中子的作用下实验成功,预示着利用原子能可以制造出威力巨大的新型炸弹。当时正进行着第二次世界大战,流亡在美国的欧洲科学家如西拉德、费米等人,听到法西斯德国有可能在从事原子弹方面研究的谣传,强烈感到美国政府有必要加强这方面的工作,争取主动。

于是,西拉德等找到了爱因斯坦以及进出白宫的总统经济顾问萨克斯,讨论了这个问题,决定由西拉德和萨克斯共同起草一封信,请爱因斯坦签名,用他的名义呈交美国总统罗斯福,要求研制原子弹,用来对付法西斯德国。

在这里,我们需要简单地回顾一下爱因斯坦对法西斯的

拓展阅读

原子能

原子能又称"核能"。原子核发生变化时释放的能量。如重核裂变和轻核聚变时所释放的巨大能量。放射性同位素放出的射线在医疗卫生、食品保鲜等方面的应用也是原子能应用的重要方面。

态度。

爱因斯坦在当时被称为"物理学之父",在世界上享有崇高的威望,在美国也是家喻户晓,几乎连孩子都知道。爱因斯坦是一位热爱和平、充满博爱精神的科学家,面对希特勒在欧洲的疯狂屠杀,他义愤填膺。

爱因斯坦敏慧的探索和深思熟虑的推敲以及他所建树的理论物理体系,使物理学度过了重重危机,产生了革命性的变革。爱因斯坦在当代科学上的辉煌成就可以说是无与伦比,举世公认。同时,他又是一位卓越的政治活动家。爱因斯坦把人生的价值看得高于一切,认定人的尊严神圣不可侵犯。还在第一次世界大战初期,爱因斯坦就呼吁建立一个使战争成为不可能的国际组织。

但是,到了1933年,形势发生了根本的变化,迫使爱因斯坦改变了自己的主张。这年,纳粹在德国篡夺了政权,掀起了排犹运动,作为犹太人的爱因斯坦受到了迫害,他应美国人的再三邀请,移居美国,后来于1940年又加入美国国籍。人们预言,"物理学之父迁到美国",必将给美国带来荣誉。爱因斯坦清醒地认识到了希特勒法西斯的本质,很早就向人们指出,希特勒政权的目的是要征服欧洲。

广角镜

法西斯的背景

法西斯主义在20世纪20~40年代初,曾经风行一时,与美、英、法的民主自由主义,苏联的社会主义并立,形成当时世界三大主要思潮。这说明法西斯主义具有很大的欺骗性和蛊惑性,否则不会有那么多人迷信它,追随它,为它牺牲性命。

当后来欧洲遭到希特勒的铁蹄蹂躏,爱因斯坦看到自己的预言逐渐变成事实,他为欧洲人民感到惋惜,他为欧洲的反击无力而痛苦,爱因斯坦深深地为战争发展的前途忧虑。

现在,出于为制止法西斯魔爪的需要,爱因斯坦也成了超级武器的崇尚者,欣然接受了西拉德他们的请求,在那封请求美国总统组织研制原子弹的信件上签了自己的名字。当时,他对这个举动毫不犹豫。

但是，当美国总统罗斯福动员了全国力量实施原子弹研制的曼哈顿工程计划快要成功时，世界反法西斯力量已经打败了德国纳粹希特勒，因此原子弹并没有在欧洲使用。

后来，为了尽快结束第二次世界大战，迫使日本早日投降，美国于1945年8月，先后在日本的广岛和长崎投掷了两颗原子弹。

战后，当爱因斯坦看到原子弹造成严重的后果时，他负疚地回顾了自己在那封信上签名的行动，认为"如果当时我知道德国人在制造原子弹方面不能获得成功，那我连手指头也不会动一动的"。

历史的发展自有其本身的逻辑。爱因斯坦不签这个名，原子弹这个怪物总有一天也是要出世的，任何个人的意志都难以改变这种趋势。自人类有阶级或阶层的区别以来，政治军事没有一天停止过通过科学技术以更新自己的斗争手段，原子能也不会例外。

由于投掷在日本的原子弹带来了数十万计的伤亡，给日本人民造成了巨大的灾难，因此在广岛、长崎事件之后，针对原子弹问题，爱因斯坦在一篇文章中写道："物理学家们发现他们自己处于与诺贝尔相同的地位。诺贝尔发明了至今仍为最强的炸药，这是一种具有摧毁力的东西。为了纪念这个发明和减轻他思想上的痛苦，他为和平的成功设立了奖金。今天，参加那些令人恐惧和充满危险的武器研制的物理学家们，被同样的责任感所烦扰，但是没有必要感到抱歉。"

能量来源的奥秘

查德威克发现中子，给物理学家添置了一种研究原子核的新武器。由于中子没有电荷，不会受到电场的排斥或吸引，因此它能平静地穿过原子的电子壳层，接近任何一个带正电的原子核，从而增加引起核反应的机会。费米最早开始用中子作为炮弹，去轰击各种元素，结果成功地制造出很多种人工的放射性核素，并且发现，其中许多核素都是进行β衰变的。

地球上存在的最重的天然元素是铀。费米想，如果用中子去轰击铀核，铀吸收一个中子后发生β衰变的话，将会出现什么结果呢？原子核吸收一个中子又放出一个β粒子（即电子），相当于核内增加了一个质子。也就是说，由第92号元素铀变成了第93号"超铀元素"。这个"超铀元素"应该是一种放射性元素。否则，人们早已在地球上稳定元素的行列中找到它了。

费米的实验获得了成功。铀经中子轰击后，产生了前所未见的新的放射性。这种放射性由成分相当复杂的β射线所组成。这是否就是"超铀元素"的特征呢？

德国科学家哈恩和梅特纳对"超铀元素"进行了详细研究，又细致地分析了各种β衰变的半衰期，发现"超铀元素"有好多种。

在法国，伊伦娜（居里夫人的女儿）和她的丈夫也在进行中子轰击铀的实验。他们发现在"超铀元素"中有一种半衰期为3.5小时的放射性物质，可以用化学方法将它与锕分离，但无法将它与镧分离。因此这种放射性物质与其说是锕的同位素，倒不如说是镧的同位素。

后来，哈恩和斯特拉斯曼又做了进一步研究，在经中子轰击过的铀中，不仅找到了镧的类似物，同时还找到了钡的类似物。这时，在经中子轰击过的铀中，发现的放射性物质的总数已达16种之多，而"越铀元素"的混乱程度也达到了它的顶峰。

物理学家梅特纳和弗瑞士据此得出结论：铀原子核在中子作用下发生了分裂。铀核俘获一个中子时，就取得了额外的能量。它会像冲击波似的使铀核发生振荡。有时候铀核振荡以后又能恢复原状，将这个中子收容下来，随后发射β粒子放出多余的能量，而成为超铀元素。但有的时候，铀核会因振荡而伸长，逐渐变成哑铃状。这时，短距离内起作用的核力已无法把它拉回原来的形状。由于正电荷之间产生强烈的排斥作用，铀核就分裂成了两半。其电荷和质量大致相等地分给了这两个碎片。两个碎片带着巨大的动能向相反的方向飞去。铀核裂变的碎片是多种多样的。哈恩和斯特拉斯曼所观测到的钡和镧，就是铀的碎片。

> **知识小链接**
>
> **镧**
>
> 镧：原子序数 57，原子量 138.9055，元素名来源于希腊文，原意是"隐蔽"。镧 1839 年瑞典化学家莫桑德尔从粗硝酸铈中发现镧，并确认是一种新元素。镧在地壳中的含量为 0.00183%，是稀土元素中含量最丰富的一个。镧有两种天然同位素：镧 139 和放射性镧 138。

物理学家们很快测定到了铀核裂变时所放出的能量，它大约相当于 200 兆电子伏，其中 80% 以上转化成了裂变碎片动能。（这里 1 电子伏的能量是指 1 个电子在 1 伏的电场内加速时所获得的能量。1 兆电子伏 = 116021×10^{-6} 尔格。）

在原子核内部包含着如此惊人的能量，对物理学家来说，既是意料之外，又属情理之中。德国出身的伟大科学家爱因斯坦，早在 1905 年就为这种能量释放现象提供了坚实的理论基础。他根据自己的"狭义相对论"断言，可以把质量看作是能量的一种存在形式，而且是一种非常密集的存在形式。质量和能量可以互相转化。为了定量地描述两者的关系，他天才地提出了著名的质能转换关系式：

$$E = mc^2$$

式中 E 代表能量，单位尔格；m 代表质量，单位克；c 代表光速，单位厘米每秒。根据这个公式立即可以算出，1 克质量就相当于 9×10^{20} 尔格的能量。

这个关系式在一般的能量释放过程中是很难检验的。例如当一个碳原子与氧化合成二氧化碳时，放出的能量只有 4.1 电子伏。它所引起的质量变化是微乎其微的，根本不可能进行测定。然而铀核裂变时释放的能量却有 200 兆电子伏，显然有可以感知的质量变化伴随发生。

精细的分析证明，铀核实际上以 40 余种不同的方式进行裂变，可以形成

80多种放射性核素。它们的质量数大多在72~160的范围内，与此同时还放出2~3个中子。

我们不妨进行一个粗略的估算。设铀-235吸收一个中子裂变后生成钇-95和碘-139，并放出2个中子，则：

裂变前的质量数为：

铀-235 235.124 一个中子1.009 共计236.133。

裂变后的质量数为：

钇-959 4.945 碘-139138.955 两个中子2.018 共计235.918。前后相比，质量亏损了0.215个质量单位。一个质量单位相当于1.66×10^{-24}克。根据$E = mc^2$可以算出，这些质量亏损所产生的裂变能，恰好相当于2009兆电子伏。

反应堆猜想

铀核释放巨大能量所引起的激动心情尚未完全平复，人们就开始探索实际利用核能的方法。现在已经十分明确，要使铀核裂变必须依靠中子。然而，当时所用中子"大炮"的火力却相当微弱。它们是一些内装氡气和铍粉的小玻璃管。氡自发地放出Ⅱ粒子，对铍进行轰击。当铍核吸收一个Ⅱ粒子时，就会放出一个中子而转化为碳核。

以这种方式产生的中子炮弹，其数量是不多的，每秒约为100万个。即使发发命中铀核，由此得到的功率也十分有限。用这种方法进行裂变，就像用一盒蹩脚的火柴点火。每根火柴要划好几次才能发火，没等到把火柴棍烧着，火焰却熄灭了。把整盒火柴都用上，也只能得到少得可怜的能量。要想获得有实用价值的能量，必须让火柴发火以后继续燃烧，用它去点燃木柴，再用木柴去烧着煤块，靠煤块自身发出的热量逐渐点燃附近所有的燃料，这样才能燃起熊熊的炉火。这就是我们生活中常见的、在燃烧过程中所发生的链式反应。根据常识我们知道，在实际使用中还必须将链式反应保持在一个稳定的水平上，否则它一旦任意蔓延开去，也可以把一切卷入火海，造成无可挽回的后果。

铀的裂变是否也能产生这样的链式反应呢？早在1934年，匈牙利物理学家西拉德就发现，快中子有时会以足够大的速度打进一个原子核，使它射出两个中子。可惜射出来的两个中子能量很低，没有能力打进新的原子核，使反应继续进行下去。

发现裂变现象以后，人们肯定了铀－235是一种极易被中子点燃的"干柴"。后来费米又指出，在重原子核中，平均每个质子拥有的中子数目，要比轻原子核中多一些。因此，如果一个重核分裂成两个轻核，就会出现多余的中子，铀核裂变很可能本身就能提供新的中子。

事实果真如此。经过仔细的测定，每个铀核裂变时，平均放出2.54个中子。也就是说，根据裂变的方式，有时放出2个，有时放出3个中子。这些裂变中子显然可作为"炮弹"引起新的裂变，并产生新的中子，从而形成持续的链式裂变反应。换句话说，原子火焰在点燃了以后，可以依靠它自身的条件继续燃烧下去，从而从铀原子的内部取得源源不断的能量。

然而由于裂变时产生的2～3个新中子运动速度很快，达到每秒20000千米，这些快中子与铀核发生相互作用，并引起裂变的机会是很小的。实验室装置中，大部分新产生的中子尚未击中铀核，就逃窜到空气中，或被其他物质吸收掉。

要保持链式反应，就要求每次裂变产生的中子扣除损耗后，至少还剩下一个中子去击中另一个铀核。后来，科学家建造了一种能使链式裂变反应受控制地持续进行的装置，称为反应堆。在反应堆中，这一代剩下的有效中子数，与上一代引起裂变的中子数之比，称作中子的增殖系数，习惯上用符号K来表示。当K大于1或等于1时，链式反应就能持续地进行下去。当K小于1时，反应就会终止。

铀 核

铀核是一种物理元素，铀有三种同位素（所谓同位素是指它们的原子核内含的质子数目相同，但含的中子数目不相同的元素，它们在元素周期上放在同一个位置上），即铀-234、铀-235和铀-238。其中的铀-234和铀-238不会发生核裂变，只有铀-235这种同位素原子能够发生核裂变，或者说，做核燃料的实际上是铀-235。但是，从矿山里开采出来的铀里面，铀-235的含量很低仅占0.66%，绝大部分是铀-238，它占了99.2%。

要使 K 增大，理论上有好多种办法。首先是设法增加中子与铀核发生作用的机会。为此，得让中子放慢脚步。当中子的速度降到与常温下分子运动的速度相接近，即每秒2200米时，它在铀核附近逗留的时间就加长了，因而它使铀核发生裂变的本领，就会大大增强。这样的中子叫做热中子。按这种原理工作的反应堆，称作热中子反应堆。

要使快中子慢化成热中子，最好的办法是让它与质量相近的原子核进行弹性碰撞，例如让它与水中的氢原子、石墨中的碳原子、金属中的铍原子进行碰撞。这种在反应堆内用来快速降低中子速度的物质，叫做"慢化剂"。增加 K 值的另一个方法是，增加核燃料的数量。新产生的中子数目与核燃料的体积成正比，而泄漏出去

瑞士洛桑联邦理工学院（EPFL）内的小型研究型核反应堆CROCUS的堆芯

的中子数与核燃料的表面积成正比。增加核燃料的数量，体积的增长超过表面积的增长，就可使中子的泄漏相对减少一些。

要使 K 值保持在 1 以上,对裂变物质的数量有一个最低限度的要求,这个最低限度的质量叫做临界质量,相应的体积叫做临界体积。所以大量存放核燃料时,必须分散堆放,以免达到临界体积而发生链式反应或核事故。原子弹在引爆前,它的几块核炸药也是分开旋转的,只是在引爆时才把它们压紧在一起。

临界质量或临界体积与核燃料系统的组成及几何形状有密切的关系。如果核燃料系统的组成中含有很多能吸收中子的核素,则临界质量就要大大增加。因此在设计反应堆的堆芯部分时,要使用很少吸收中子的材料,例如锆、铍、石墨、重水等。

占天然铀中大多数的铀－238 很少参加裂变反应,反而要吸收掉一部分中子。只有铀－235 具有在慢中子(热中子)作用下发生裂变的本领。因此提高核燃料中铀－235 的浓度,可以减少临界体积。

在体积相同的所有各种几何形状中,表面积最小的是球形。如果用纯铀－235 制成一个圆球,它的临界质量大约为 50 千克,直径约 16.8 厘米。但作为空运的核武器,有没有办法使它更小型化一些呢?办法是有的,可以在铀－235 球外包上一反射层,它能把一部分逃出去的中子重新反射回来。那时,临界质量可降到 17 千克左右,直径降到 12 厘米以下。这种反射层技术也应用在核反应堆上。

费米和第一座反应堆

费米出生于意大利,从小喜爱书籍,酷爱学习。罗马有一个著名的百花广场,每逢星期三,许多商人都来到这个露天市场作买卖,从活鱼到鲜花,从古董到旧衣服,应有尽有。费米对百花广场很熟悉,每星期三他总要来这里,两只大眼睛在五光十色的地摊上搜索。

原来,从小就喜欢读书的费米根本不满足课堂上所学到的那点知识,他对数学和物理特别感兴趣。

1918年，17岁的费米以优异成绩考入比萨王家高等师范学院。在入学考试时，他写了一篇论述弦振动的论文，他丰富的物理学知识使主考的一位教授感到惊讶。他特地找费米到它办公室里作了一次非正式的谈话。从那时起，费米在物理学领域的才智就引起了学术界的注意。

大学里活跃的学术空气和轻松的学习生活，使得费米原先内向的性格有了很大的变化。在他身上，已难以找到童年时代那种沉默寡言、害羞怕臊的痕迹。小学时代那个怯生生、不合群的少年，现在变成一个爱开玩笑，有一副结实体格的年轻人。他跟同学们一起去登山远足，一起活跃在足球场上。比萨给了费米丰富的知识，也激励着他为实现远大抱负而奋斗。

1922年夏天，费米完成了毕业论文。11位主考人倾听着他的毕业论文答辩。费米用尽可能简洁的语言，阐明论文的观点。内容实在太艰深，连学识广博的主考教授有时也难听懂。显然，费米的论文已超出了某些老师的理解力。

论文答辩结束了，主考先生宣布："费米的论文水平很高，可得一个最高分。"

费米很想在罗马大学从事物理学的研究，但这仅仅是希望。人生的道路并没有人们想象得那么美妙，费米没有如愿。作为爱因斯坦信徒的费米，遭到反爱因斯坦相对论考官的冷落。分子、原子是多么微小，芝麻大的一滴水中，大约就有一亿亿个分子。若要掌握那一个个分子和原子的运动规律，那该是多么困难。

趣味点击

费米的学业

恩利克·费米（1901.9.29至1954.11.28），美国物理学家。生于意大利罗马，1922年获比萨大学博士学位。1923年前往德国，在玻恩的指导下从事研究工作。1924年到荷兰莱顿研究所工作。1926年任罗马大学理论物理学教授。1929年任意大利皇家科学院院士。

当人们处身于车水马龙之中,繁华的大街显得那么杂乱无章,汽车、行人来来往往,使人眼花缭乱。可是,如果登上高楼之顶,往下鸟瞰时,那种乱七八糟的景象会顿时消失,呈现在我们眼前的车流人行却是井井有序。科学家们研究原子、分子也有类似情况,他们要区别的往往并非是某一个原子或分子的行为,却是那一群粒子的洪流,这种研究大量微观粒子所组成的系统的学科,就叫做统计力学。

后来,费米提出了一个新的统计理论,成为微观世界最重要的规律之一。那时费米才24岁。他成为物理学界的一颗明星。

教育部长看准了费米的才华,特别建议在罗马大学设立一个理论物理新讲座,以便费米出任。1926年,25岁的物理学教授费米登上讲台,开始了他的第一堂课。

"物理学,当今正处在一个新生的时代,上一个世纪还认为是正确的东西,今天已暴露出了它的局限性……,我们必须全力以赴去获得这些新知识……"

费米的科学方法立足于鼓励学生培养创造性,而反对那种分数加名利的窒息青少年思想的陈旧教育手段。费米团结

你知道吗

物理学

物理学,是研究物质世界最基本的结构、最普遍的相互作用、最一般的运动规律及所使用的实验手段和思维方法的自然科学,简称物理。

物理学是最古老的学术之一。在过去两千年,物理学与哲学、化学等等经常被混淆在一起,相提并论。直到十六世纪科学革命之后,才单独成为一门现代科学。

现在,物理学已成为自然科学中最基础的学科之一。物理理论通常是以数学的形式表达出来。经过大量严格的实验验证的物理学规律被称为物理定律。然而如同其他很多自然科学理论一样,这些定律不能被证明,其正确性只能靠着反复的实验来检验。

物理学的影响深远,这是因为物理学的突破时常会造成新科技的出现,物理学的新点子很容易会引起其它学术领域产生共鸣。

艰难的阶梯

了一批血气方刚的青年科学工作者。

费米教授和学生罗拉相识并相爱。罗拉是一位有着犹太血统的可爱姑娘，她佩服费米的渊博知识和自信心。他们结婚后，一切家务由罗拉照料，费米消除了后顾之忧，更专心于他的科学研究。后来费米解释了原子核衰变现象，并且成功地提出了弱互相作用理论。

但是，意大利法西斯的崛起，疯狂的战争叫嚣打破了人们的美梦。歇斯底里的排犹太运动，使有着犹太血统的罗拉和费米一家受到了严重的威胁。

知识小链接

法西斯

"法西斯"是古代罗马高级长官的一种权力标志，系用皮带捆扎的一束棍杖，其中间常夹有一柄锋刃向外的斧头，得名"法西斯"（fascis 或 fasces）。初为早期王权的标志，后高级长官出行时由扈从肩扛（每人一束），象征其行政权力，法西斯主义即取名于此。

法西斯也是一种国家民族主义的政治运动，在 1933 年至 1945 年统治了德国，在 1922 年至 1943 年间的墨索里尼政权下统治了意大利，在 1931 年至 1945 年统治了日本。类似的政治运动，包含了纳粹主义，在第二次世界大战期间蔓延整个欧洲。

沿街的墙上，触目惊心的标语映入眼帘："一手持书，一手拿枪"，"墨索里尼永远正确！"

此刻，费米再也无心去思考中子和原子核了，挤满了他脑子的是怎样才能生存下去。

费米过去很少过问政治，可是现在，老伽俐略受到迫害的命运已摆在费米的面前，他不得不考虑自己的命运。

走，既然罗马已无他生存的余地，那就走得远远的，到大洋的彼岸去。1938 年 11 月 10 日，一阵急促的电话铃声，把费米、罗拉从梦中唤醒。瑞典科学院已决定授予费米为该年度诺贝尔物理学奖金,以表彰他发现了由中子轰击所产生的新的放射性元素,以及他在这一研究中发现了慢中子引起的核反应,他对超铀元素的研究也具有开拓意义。

对于正想逃离意大利的费米一家,这可是一个天赐的良机。这样一来费米就可以冠冕堂皇地出国了。12月6日,费米来到罗马大学,最后看了一眼那间蒙上了灰尘的实验室,深深地鞠了一躬,随即匆匆向火车站走去。费米和妻子罗拉离开了意大利。

费米在瑞典首都斯德哥尔摩领取了诺贝尔物理学奖金。并于1939年1月2日和妻子罗拉一同到达美国纽约。

这一年,费米又迎来了丹麦首都哥本哈根的著名科学家玻尔,并且从他那里听到了一个惊人又可怕的消息:德国的哈恩及斯特拉斯曼实现了铀核的分裂。原子核的研究正面临着一个新的转折点,人类应用原子核内能量的日子已为时不远。

费米从玻尔那里得知这个消息以后,二话没说,就直奔哥伦比亚大学实验室,立即动手重复做他5年前做过的没成功的实验。

许多物理学家加入了费米小组,协同作战。几个星期以后,消息传出,实验结果完全同预言的一样:

一个中子把一个铀原子核轰击成两半,释放出能量,同时又跑出两个以上中子,这些中子又去轰击更多的原子核。

分裂,分裂,越来越猛烈的分裂。能量,能量,越来越多的能量。费米把这种现象称为连锁反应(或链式反应)。

铀的连锁反应就是炸弹!而且是一种新的威力无比的炸弹,它可以把千万条生命瞬间烧成灰

偷袭珍珠港事件

偷袭珍珠港事件,是1941年12月7日清晨,日本皇家海军的飞机和微型潜艇突然袭击美国海军基地珍珠港以及美国陆军和海军在夏威夷瓦胡岛上的飞机场的事件。

烬。费米一想到这里，心中不禁打了个寒噤，要是德国的希特勒、意大利的墨索里尼这两个战争狂人掌握了这个秘密，那人类将遭受多大的灾难。

战争乌云已笼罩着整个大地，但原子核的分裂也同样使科学家们忧心忡忡。因为原子核释放的超级能量，不但可以给我们这个能源日益缺乏的世界带来光明，而且它可能把人类推向灾难的深渊。

后来，从匈牙利逃到美国的西拉德等科学家找到了费米，决定起草一封给罗斯福总统的信，请爱因斯坦签名，敦促美国筹划研制原子弹的工程计划。这个建议被罗斯福所采纳，并且把研制原子弹的计划称为"曼哈顿工程计划"。

不久，日本偷袭珍珠港事件爆发，美国同日本、德国、意大利宣战。美国政府进一步大力推动实施原子弹研制的"曼哈顿工程计划"。

核计划的主要负责人康普顿教授向政府部门竭力推荐费米："事实很明显，如要进行核反应堆的研究，那一定要有费米领导。他在理论上的修养和实验上的经验，在我们中间是没有一个人能与他相比的。"推荐获准。费米着手领导建设第一座核反应堆。

原子弹爆炸的能量和核反应堆的能量虽然都来自原子核裂变，但这是两种不完全相同的过程。如果作一个对比，原子弹就好像我们把一根火柴丢进一桶汽油中，引起猛烈的燃烧和爆炸；而核反应堆犹如将汽油注入汽车发动机慢慢消耗一样。原子弹是由原子核里产生的快

拓展阅读

原子弹

原子弹是核武器之一，是利用核反应的光热辐射、冲击波和感生放射性造成杀伤和破坏作用，以及造成大面积放射性污染，阻止对方军事行动以达到战略目的的大杀伤力武器。主要包括裂变武器（第一代核武，通常称为原子弹）和聚变武器（亦称为氢弹，分为两级及三级式）。亦有些还在武器内部放入具有感生放射的轻元素，以增大辐射强度扩大污染，或加强中子放射以杀伤人员（如中子弹）。

速中子在一瞬间引发的，而反应堆中的中子速度必须先降低，然后加以控制利用。

制造原子弹，必先建造核反应堆。因为设计原子弹所需要的许多重要数据和机理，必须事先在反应堆的实验中取得。

1942年11月，费米在芝加哥大学运动场的西看台下忙碌起来。

1942年12月2日，上午8点30分，参加这项研究的40余位科学家聚集在北面的看台上。

9点45分，费米下了第一道命令："启动！"下午3点20分，反应堆进入自持的工作状态。"胜利了！胜利了！""反应堆成功了！"

人类第一座核反应堆

事情说来也凑巧，1492年是意大利航海家哥伦布横渡大西洋到达美洲新大陆；而1942年，又有一位意大利"航海家"登上了另一块"新大陆"——人类终于首次实现了有控制地释放蕴藏在原子核中的巨大能量。1492和1942只是中间两个数字颠倒了一下，这不能不说是一种巧合。

人类第一次利用原子核反应堆，直接从原子核中提取了能量。

点燃天火

费米和科学家们经过一年的研究，他们决定用石墨来作中子慢化剂。根据计算，他们至少需要几千吨高纯石墨。他们把石墨块切成一定的规格，然后互相拼接起来，一层又一层地垒成一个大堆。在石墨块之间还按一定方式放入了铀块，这就是世界上第一个反应"堆"。

> ### 知识小链接
>
> #### 石　墨
>
> 　　石墨是元素碳的一种同素异形体，每个碳原子的周边连结着另外三个碳原子（排列方式呈蜂巢式的多个六边形）以共价键结合，构成共价分子。由于每个碳原子均会放出一个电子，那些电子能够自由移动，因此石墨属于导电体。

　　今天，反应堆的结构形式有了很大的变化。例如，秦山核电厂的压水堆，实际上是一个厚壁的钢容器，内部是各种极为精密的结构，包括核燃料、慢化剂、反射层等所有与链式反应有关的部件。它的外形与"堆"已毫无相似之处，但我们仍称它"堆"。

　　1942年12月2日8时30分，大约有20个人聚集在芝加哥大学的室内网球场上，他们将首次点燃原子的火焰。

　　三个年轻人爬到反应堆的顶上。这是最危险的地方。他们的任务是：如果核反应失去控制，就把一种能大量吸收中子的镉液灌注到反应堆内，以扑灭可能发生的原子大"火"。

　　另一名科学家站在反应堆的旁边，他的任务是在费米的指挥下，操作一根插在反应堆内的主控制棒。这根棒也是由镉制造的，未开堆时，它大部分都插在堆芯里。由于镉可以吸收掉大量中子，因此反应堆才能保持在亚临

拓展思考

芝加哥的历史沿革

　　1803年，美国陆军在此建立了迪尔伯恩要塞，后在1812年的迪尔伯恩要塞屠杀中被毁。1816年，伯塔瓦托米和其他附近的印第安部落与美国政府签订圣路易斯协定，让出了土地。1833年8月12日，芝加哥镇成立，当时拥有350名居民。随着定居人口的增加，1837年3月4日这里成为芝加哥市，而此时的人口仅有4170人。

界状态。根据计算，当这根棒大部分抽出反应堆时，反应堆内就开始链式裂变。9时45分左右，费米下令把两根由电气操纵的控制棒从堆内抽出，接着一点一点地抽出那根主控制棒。每当主控制棒往外抽出一些的时候，盖克计数器的脉冲计数声音就响得快一些。费米迅速地作了一些计算，然后要求再抽出一些。实验正在按照预计一步一步地进行着，11时35分，突然轰隆一声，原来由电气操纵的自动控制棒落下来了。由于安全保护点设置得太低，这根控制棒提前"行动"了，链式反应没有发生。

午后，对自动控制棒的安全定值作了一些调整后，一切又从头开始。下午3时，主控制棒抽出的长度已超过了上午的数值。这时，计数器响得更欢了。大家都意识到，庄严的一瞬即将来临。

费米让操纵者把控制棒又抽出了约0.3米多，这时，记录仪开始画出一条向上扬起的曲线，标志着链式反应已正式开始。

链式反应大约进行了半个小时。随后，费米就下令把镉棒插回反应堆里。计数器慢下来了，记录仪的描笔也下降到了原始位置，反应停止了。

这时，人们心潮澎湃，激动万分。对于这一人类征服自然的伟大历史事件，没有人给科学家们拍照。他们分享了一瓶自己带来的庆功酒，然后在酒瓶的商标纸上签上了每个参加者的姓名。

今天，人们来到芝加哥大学进行访问时，仍可以在足球场西看台下面找到这个室内网球场。在这座建筑的外墙上，有一块朴素的纪念碑，上面写着：1942年12月2日，人类于此首次完成持续链式反应的实验，在可控的核能释放上跨出了第一步。

原子能与人类生活

核武器

◀ **YUANZINENG YU RENLEI SHENGHUO** ▶

　　核武器的出现，是20世纪40年代前后科学技术重大发展的结果。1939年初，德国化学家哈恩和物理化学家斯特拉斯曼发表了铀原子核裂变现象的论文。几个星期内，许多国家的科学家验证了这一发现，并进一步提出有可能创造这种裂变反应自持进行的条件，从而开辟了利用这一新能源为人类创造财富的广阔前景。但是，同历史上许多科学技术新发现一样，核能的开发也被首先用于军事目的，即制造威力巨大的原子弹，其进程受到当时社会与政治条件的影响和制约。从1939年起，由于法西斯德国扩大侵略战争，欧洲许多国家开展科研工作日益困难。同年9月初，丹麦物理学家玻尔和他的合作者惠勒，从理论上阐述了核裂变反应过程，并指出能引起这一反应的最好元素是同位素铀235。正当这一有指导意义的研究成果发表时，英、法两国向德国宣战。1940年夏，德军占领法国。法国一部分科学家被迫移居国外。英国曾制订计划进行这一领域的研究，但由于战争影响，人力物力短缺，后来也只能采取与美国合作的办法，派出以物理学家查德威克为首的科学家小组，赴美国参加由理论物理学家奥本海默领导的原子弹研制工作。

地下原子弹

在20世纪的科学技术发展中，原子能的利用同电子计算机、合成材料的激光技术一起，组成了人类近代史上第三次科学技术革命的主旋律。

基础小知识

激　光

激光的最初的中文名叫做"镭射"、"莱塞"，是它的英文名称LASER的音译。意思是"通过受激发射光扩大"。激光的英文全名已经完全表达了制造激光的主要过程。1964年按照我国著名科学家钱学森建议将"光受激发射"改称"激光"。

早在1905年，伟大的物理学家爱因斯坦就提出了质能关系式 $E=mc^2$，从理论上揭示了原子能的巨大能量蕴藏。这以后，德国科学家奥托·哈恩和斯特拉斯曼、奥地利物理学家丽丝·梅特纳、著名科学家约里奥·居里等，都为原子能的利用作出了杰出贡献。到20世纪40年代，在原子物理、核物理的研究领域都取得了一系列成果。第二次世界大战爆发以前，德国在核技术方面处于领先地位，但不久，美国、英国等国家急起直追，渐渐超过了德国。美国在著名物理学家费米领导下，建成了第一座试验性的石墨反应堆。美国被卷入第二次世界大战以后，加快了研制原子弹的步伐，著史的"曼哈顿工程"不惜工本，集中了理论物理、实验技术、数学、辐射化学、冶金、爆炸工程、精密测量等各方面的200多名专家，边研究边建设，经过两年多的努力，终于在1945年7月16日试验成功了世界上第一颗原子弹。可见，人类为开发和利用原子能付出了十分艰巨的劳动。有趣的是，在人类打开原子这个"能源库"数十年以后，一些国家的政府首脑和研究机构又要为处理核废料而操心了。一件精品制造出来时，往往会留下一些"下脚料"。

玉雕精品的下脚料，可以用作耳坠这类的小玩意。木器精品的下脚料，至少可以作燃料。制造核武器产生的"下脚料",却是一种对人类危害很大的污染源。

科学家们一心一意研制原子弹时,大概没有精力去思考今天成为一个社会问题的核废料。可是,世界上每一枚原子弹诞生时,一些国家在开发和利用核能源时,都不可避免地会留下一些核废料、核残料。日积月累,这些核废料也像一种无形的原子弹,以特殊的方式威胁人类的生存环境。

美国地下就有大约50颗"原子弹"在活动,那是核残料积蓄起来的原子弹。美国从事核研究至今,一些核武器工厂和重要军事设施中面临的对辐射和化学废料的清理问题,已成为美国历史上最庞大、最辣手、最昂贵的生态复原工作。有关专家认为,这项工作可能要花费1300亿美元,在技术上的难度不次于当年轰动世界的阿波罗登月和太空船计划。

由核战略而引发的核竞争,不仅使我们这个星球上的核武器数量急剧增加,核废料的堆积也是惊人的。美国华盛顿的武器工厂,至今已经有2000亿加仑以上的高危险度废料被倒入未加衬底的坑穴和人工池里,这些废料可以把曼哈顿淹没达12米深。这些核废料中有毒物体的渗出,至少使260平方千

广角镜

核废料

核废料,泛指在核燃料生产、加工和核反应堆用过的不再需要的并具有放射性的废料。也专指核反应堆用过的乏燃料,经后处理回收钚239等可利用的核材料后,余下的不再需要的并具有放射性的废料。核废料按物理状态可分为固体、液体和气体3种;按比活度又可分为高水平(高放)、中水平(中放)和低水平(低放)3种。

核废料的管理原则是:①尽量减少不必要的废料产生并开展回收利用。②对已产生的核废料分类收集,分别贮存和处理。③尽量减少容积以节约运输、贮存和处理的费用。④向环境稀释排放时,必须严格遵守有关法规。⑤以稳定的固化体形式贮存,以减少放射性核素迁移扩散。

国际原子能机构(IAEA)对于核废料的处理和处置有严格的规定,要求各国遵照执行。

米地区的地下水受到污染。此外，还有大约 4500 加仑高辐射的废水储存在巨型地下水箱里，这些容器漏出来的钚，可以造 50 多枚当年美国投在日本长崎的原子弹。值得重视的是，这种在地下存在的"原子弹"的威胁。

苏联的核废料积累也相当多。1949 年，苏联为了在研制核武器方面赶上美国，在车里雅宾斯克市 65 号建立了第一个军用钚生产基地。多年来，在这个生产基地里，没有经过处理的含有高浓度辐射的废水大量排入附近地区，形成了一种潜在的污染源，使这个地区的辐射总量高达 1.2 亿居里，比切尔诺贝利核电站爆炸事故发生后释放的辐射总量还要多 1 亿居里。哈萨克斯坦共和国在一份环境调查报告中透露，在指定的弃置场地以外倒放的放射性废弃物质，已经多达 2.3 亿吨，其中 800 万吨是高浓度的废弃物质，会放射出 48 万居里的辐射。据检测，哈萨克斯坦西部一些油井的地下水受到污染，有的甚至有高于正常值数百倍的辐射。

核废料的积累如此之多，这决不是开发和利用核能源的初衷。今天，它已成为国际社会中不得不妥善解决的一个重要问题。

清理核废料，清除核污染，不但耗费惊人，当前的科技水平也难以完全达到。美国在未来几年里，要清理的不仅有能源部所属 17 个老迈陈旧的核工厂所使用的 3000 多个有毒废料堆积场，还有散布在 600 多个军事设施的 6000 个高危险废料区，国防部曾经使用过的地面上 7200 个禁区，以及其他污染严重的地点。但是，清理和消除上述地点的核废料需要先进的技术，更需要千亿元巨款。如何发展这种技术，如何得到这笔巨款，成为美国政府很费脑筋的一个大问题。

为了避开清理核废料技术上的难题，为了避免泄露核武器研制中的关键性技术，一些有核国家采用了一种最简单的处理方法——悄悄地向大洋里倾倒核废料。1946 年，美国第一次这样做了。不久，其他国家也纷纷效仿这种既省事又省钱的处理办法。但是，由此带来了另一个严重问题，大洋深处，不知不觉形成了一个又一个污染源。那清净的海底，在默默地放射出一种有害物质。其中，大西洋受害最严重。美国从 1949 年至 1967 年，一共向大西洋的 11 个海域倾倒了 3.12 万个集装箱的核废料。英国在 1949 年至 1982 年间，向大西洋的 15 个海域以及英吉利海峡、比斯开湾、加内里群岛附近的海域倾倒了 7.4 吨集装箱核废料。荷兰在 1967 年至 1982 年间，向北大西洋的 3 个海域倾倒了大量的放射性废料。

太平洋也没有幸免。美国从 1949 年至 1967 年，一共在太平洋的 18 个海域倾倒了 56.02 万个集装箱的核废料。深受原子弹袭击之害的日本在 1956 年至 1969 年之间，在离自己国土不远的太平洋中的 6 个海域倾倒了 3301 个集装箱的放射性核废料。

北冰洋、白海等海域，也不得不接受核废料。1959 年 9 月，苏联向白令海倾倒了 600 立方米的核废料。从 1960 年开始，苏联定期向海洋里倾倒液体核废料。第一批 100 立方米的液体放射性废料倾倒在芬兰湾里的格拉兰德岛附近海域。1964 年以来，苏联定期向北冰洋和远东地区的海域倾倒核废料。比利时向英吉利海峡和比斯开湾倾倒了 5.5 万个集装箱的放射性废料。德国、意大利、新西兰等国也向大洋倾倒了放射性物质。

不仅是海洋，地壳也遭受到同样的灾难。前苏联在 30 多年的时间里，曾经悄悄地把几十亿加仑的核废料直接喷射在伏尔加河附近的季米特洛夫格勒、鄂毕河附近的托木斯克、叶塞尼河附近的克拉斯诺亚尔斯克这三个区域的地下，而不是把这些污染物装在不渗水的容器里，倒进海里。喷射到地层的核废料的放射性达 30 亿居里，它是切尔诺贝利核电站核泄漏的 6 倍。

善良的人们也许不知道，1940 年发现的钚这种放射性元素有剧毒，它的放射性半衰期是 2.43 万年。目前，发达国家也没有找出一种切实可行的处理钚核废料的方案。如果没有一种好办法，这将在很长时间内影响地球的生态！

地 壳

基础小知识

在地理上，地壳是指有岩石组成的固体外壳，地球固体圈层的最外层，岩石圈的重要组成部分，可以用化学方法将它与地幔区别开来。其底界为莫霍洛维奇不连续面（莫霍面）。

俄国人曾经宣称，他们在陆地上处理的核废料已经射入地壳层下面，从理论上说，它同地球表面完全隔绝。因此，这种处理方法是非常安全的。但是，美国的科学家却认为，这将是对人类环境的最大破坏，它的影响远至几个世纪。

◎ 核武器种种

原子弹：它是最早研制出的核武器，也是最普通的核武器，它是利用原子核裂变反应所放出的巨大能量，通过光辐射、冲击波、早期核辐射、放射性污染和电磁脉冲起到杀伤破坏作用。

氢弹：又称热核聚变武器，它是利用氢的同位素氘、氚等轻原子核的裂变反应，产生强烈爆炸的核武器。其杀伤机理与原子弹基本相同，但威力比原子弹大几十甚至上千倍。

中子弹：又称加强辐射弹。它在爆炸时能放出大量致人于死地的中子，并使冲击波等的作用大大缩小。在战场上，中子弹只杀伤人员等有生目标，而不摧毁如建筑物、技术装备等设备，"对人不对物"是它的一大特点。

电磁脉冲弹：它是利用核爆炸能量来加速核电磁脉冲效应的一种核弹。它产生的电磁波可烧毁电子设备，可以造成大范围的指挥、控制、通信系统瘫痪，在未来的"电子战"中将会大显身手。

伽玛射线弹：它爆炸后尽管各种效应不大，也不会使人立刻死去，但能造成放射性污染，迫使敌人离开。所以它比氢弹、中子弹更高级，更有威慑力。

感生辐射弹：是一种加强放射性污染的核武器，主要利用中子产生感生放射性物质，在一定时间和一定空间上造成放射性污染，达到阻碍敌军和杀伤敌军的目的。

冲击波弹：是一种小型氢弹，采用慢化吸收中子技术，减少了中子活化削弱辐射的作用，其爆炸后，部队可迅速进入爆炸区投入战斗。

三相弹：用中心的原子弹和外部铀-238反射层共同激发中间的热核材料

聚变，以得到大于氢弹的效力。

给总统的一封信

当哈恩的实验发现铀核裂变以后，匈牙利青年物理学家西拉德，这时已迁居美国，他敏锐的想象力清晰地意识到了将来可能要开展一场原子武器的竞赛。他说服了费米及美国的同行们实行保密，提出对本身的研究工作进行自我约束的"出版自我检查制度"。

西拉德在1939年2月给法国的约里奥·居里的信中写道："两星期以前，当哈恩的文章传到我们这里来的时候，我们这里就有些人想了解：铀裂变以后能否有中子释放出来。如果能有一个以上的中子释放出来，那么就有可能形成链式反应。在一定的条件下，制造对人类有极大威胁的原子弹是有可能的……我们但愿中子根本不能释放出来，或者就是释放出来也是微不足道的，这样就不必为这一问题而担心了。"他请求约里奥·居里自愿不泄露研究成果。

爱因斯坦署名、送交罗斯福总统的那封呼吁美国制造原子弹的著名信件

这是有科学史以来最奇怪的现象，科学家的功能就是在求得科学的进步，将"不能"变为"可能"；现在却因为科学的进步会带来严重后果，竟然希望科学不要继续，实验不要成功。这充分说明，科学在与道德发生冲突的时候，科学家的社会责任感在行为中反映出的矛盾心理。

西拉德请求约里奥·居里立即通知他，关于自愿不泄露研究数据的问题是否达成了协议，并表明对这一问题所持的态度。但是，西拉德没有接到回信。其时，约里奥·居里研究小组，已经接近了西拉德所担心的那种链式反应了。由于种种原因，约里奥·居里将西拉德的建议置于一旁，却将自己完成的实验结果寄给英国的《自然》杂志发表，因为这份杂志以出版及时而著称。西拉德知道自己的努力失败以后，也只好违背自己的意愿同意发表他在链式反应方面的研究材料。

很快，《自然》杂志、《物理评论》等报道了铀裂变时能释放出多余的中子，因此链式反应可以支持下去，从而也就能实现核爆炸。当然，明白了科学原理，不等于解决了实践运用。而一旦能进入军事技术的应用阶段，那么，在历史上规模最大的战争开始的严峻时刻，历史上最危险的科学发现的秘密，就会迫使自我审查制度的建立，虽晚了一点，但晚建立比不建立好。从1939年4月末到7月末，西拉德、维格纳、泰勒（都是匈牙利的流亡物理学家）和维斯科普（奥地利的流亡物理学家）一直设法让美国政府了解原子能研究工作的重大意义。早先，费米就曾凭哥伦比亚大学系主任乔治·波格拉姆的介绍信去拜访了海军军械部长、海军上将胡伯，同他讨论制造原子弹的可能性。但这位部长只表示了礼貌上的兴趣，希望费米继续提供发展情况，而实际上未予重视。

在历史还没有真正充分地认识到科学的作用时，科学只能仰仗于政权。生活在这个时

广角镜

匈牙利的资源

山区森林茂密，有栎树、山毛榉、橡树等；平原有大片草原，有肥沃的黑土。重要河流为多瑙河及其支流蒂萨河。巴拉顿湖为最大淡水湖。属温带大陆性气候，平均气温1月-4～-2℃，7月20～22℃，年降水量480～800毫米，自西向东递减。东邻罗马尼亚，南接塞尔维亚，西与奥地利接壤，北与捷克、斯洛伐克、乌克兰为邻。铝土矿储量丰富，分布在外多瑙山地一带；还有煤、石油、天然气、铁、锰、铀等矿藏。全境2/3地区有地下热水蕴藏。

代的科学家，还难以全身心地投入研究工作，他们需要花精力找门路，学会奔走呼号，声明主张，宣传自己工作的意义，叩门达官显贵，寻求权力支持和财力投资。

由西拉德和白宫经济顾问萨克斯共同起草一封信，请爱因斯坦签名，然后提交罗斯福总统，要求制造原子弹。爱因斯坦看完信之后说："这将是人类历史上第一次使用不是来自太阳的能源"并立即署了名。那封信在决定原子弹工程前是个极重要的缘起，它成了后来史学家们广为引证的历史文献。爱因斯坦签署的这封信是拟好了，可是要把信送到总统手里，并说服当权者将巨额投资放到一项没有把握的冒险的浩繁工作上，恐怕不是轻易能做到的。

1939年10月11日，萨克斯终于得到了亲自向罗斯福总统递呈这封信的机会。这封信已经在他手里压了将近10个星期。其时，第二次世界大战已在欧洲爆发。为了使总统了解全面情况而又不致使此信件积压等候处理，萨克斯当面向总统汇报了情况。可是罗斯福已经很疲倦，他向萨克斯说，这些都是很有趣的事，不过政府在现阶段就干预此事，看来还为时过早。显然，罗斯福是想推掉这件事。但是事情有些微妙，当萨克斯要离开的时候，总统为了表示歉意而约他第二天早晨来共进早餐。

萨克斯一整夜没合眼。他在旅馆的房间里来回地踱着，从旅馆出去到附近的小公园达三四次之多，长时间地思考着怎样说服总统从而得到他的支持。

看来，重温历史的教训是有

拓展阅读

白宫的由来

美国的白宫是总统和政府办公的场所。1812年英国和美国发生战争，英国军队占领了华盛顿城后，放火烧了包括美国国会大厦和总统府之类的建筑物。过后，为了掩盖被大火烧过的痕迹，1814年总统住宅棕红色的石头墙被涂上了白色。从那以后，人们就把它称为"白宫"。

益的，萨克斯这样想。

第二天早晨，萨克斯来到了白宫。罗斯福一见面就开玩笑地问道："你又有了什么绝妙的想法吗？"萨克斯鼓足了勇气回答道："我想向您讲一段历史。"接着他就说："在拿破仑战争时代，有一个年轻的美国发明家富尔顿来到了这位法国皇帝面前，建议建立一支由蒸汽机舰艇组成的舰队。他说，这样的舰队，无论什么天气都能在英国登陆。拿破仑想，军舰没有帆能走吗？这简直不可思议，因此拒绝了富尔顿。根据英国历史学家阿克顿爵士的意见，这是由于敌人缺乏见识而使英国得到幸免的一个例子；如果当时拿破仑稍稍动一动脑筋，再慎重考虑一下，那么19世纪的历史进程也许完全是另一个样子。"

历史的进程是否真如阿克顿估计的那样，由武器决定，当然并非如此。但此时此刻，经济顾问的话确实提醒了总统。

罗斯福沉默了几分钟，然后吩咐仆人拿来了一瓶拿破仑时代的法国白兰地与萨克斯碰杯。然后说了一句："阿列克塞，你有把握不让纳粹分子把我们炸掉，是吗？"萨克斯回答说："真是这样。"然后总统就把自己的随员沃特逊将军叫来，指着萨克斯带来的信件说："帕阿（沃特逊的绰号），对此事要立即采取行动！"

不久，在罗斯福总统的命令下，组成了一个铀咨询委员会。1939年11月1日该委员会提出了一个报告。但是，在1940年6月底以前，华盛顿当局对这项任务抓得并不得力，经费也没有增加。相反，对计划的批评意见渐多。因此，爱因斯坦还写了第二封信，也并未立即奏效。

世界"原子弹之父"——奥本海默

奥本海默1904年出生于纽约一个富有的德裔犹太人家庭。1921年，奥本海默以10门全优的成绩毕业于纽约道德文化学校，因病延至次年入哈佛大学化学系学习，临近课程结束时，他选修了著名实验物理学家布里奇曼讲授的一门高等热力学，使他第一次对物理学产生了兴趣。这门科学触动了他心中的"原子情结"，因而他全身心地投入了布里奇曼领导的科研项目，并决定毕业后申请去英国剑桥大学卡文迪许实验室继续深造。

1925年，奥本海默提前以优异的成绩毕业于哈佛大学，并由布里奇曼推荐来到剑桥三一学院。其后，他又转战当时欧洲理论物理学研究中心之一的德国格廷根大学，师从玻恩从事研究，他与玻恩合作，发表了"分子的量子理论"一文，奠定下研究分子光谱的基础，树立起分子研究的经典，并由玻恩指导于1927年获得博士学位。

1927年夏，奥本海默学成归国，先去哈佛大学，然后到伯克利加州大学和帕萨迪纳加州理工学院任教。1928～1929年他曾赴欧洲，先后在莱顿大学和苏黎士大学与艾伦菲斯特和泡利一起切磋研究，其后的工作也深受泡利影响，始终瞩目于物理学发展的最前沿。他早在1930年就预言正电子的存在；在1931年指出有整数和半整数不同自旋的粒子有不同的理论结构，并结合当时有关宇宙射线和原子核物理的大量观察实验结果，对种种基本粒子的性质进行了描述、计算和说明。未及而立之年，他已确立了自己在美国物理学界的领先地位。

与此同时，奥本海默也逐步展示出他作为一个优秀教师的潜能和素质。他的周围总是聚集着一群才华横溢、思想敏锐的优秀青年，伯克利逐步成为美国的理论物理中心。他培养出的年轻物理学家后来也大多成为物理学界的顶尖高手，并由此形成美国物理学界著名的理论物理学派。

1942年，是奥本海默人生

格廷根大学的始创

1734年，时为英国国王及汉诺威大公的乔治二世，决定委派其重臣冯·明希豪森在格廷根创办一所大学，旨在弘扬欧洲启蒙时代学术自由的理念，格廷根大学也因此一开欧洲大学学术自由之风气。大学创办之初，即设有神学、法学、哲学、医学四大经典学科，尤以自然科学和法学为重。

的一大转折,他被任命为战时洛斯阿拉莫斯实验室主任,负责制造原子弹的"曼哈顿计划"的技术领导。奥本海默战后很快就回到加州大学和理工学院,1947年任普林斯顿高等研究院院长,并于次年任美国物理学会主席。

1945年至1953年,奥本海默成为美国政府和国会制定原子能政策的主要顾问之一,包括担任过两届美国政府原子能委员会的总顾问委员会主席。他怀着对于原子弹危害的深刻认识和内疚,怀着对于美苏之间将展开核军备竞赛的预见和担忧,怀着坚持人类基本价值的良知和对未来负责的

"原子弹之父"——罗伯特·奥本海默

社会责任感,满腔热情地致力于通过联合国来实行原子能的国际控制和和平利用,主张与包括苏联在内的各大国交流核科学情报以达成相关协议,并反对美国率先制造氢弹。然而,奥本海默的政治理念和从政经验显然是过于单纯幼稚了,在艾森豪威尔上台后,麦卡锡主义甚嚣尘上,他成为政治迫害的对象。

1953年12月,艾森豪威尔决定对奥本海默进行安全审查并吊销其安全特许权。1954年4月12日至5月6日长达四周的安全听证会上,以他早年的左倾活动和延误政府发展氢弹的战略决策为罪状起诉,甚至怀疑他为苏联的代理人,这就是轰动一时的"奥本海默案件"。原子能委员会的保安委员会和原子能委员会以2:1和4:1的多数,决定剥夺奥本海默的安全特许权,从而结束了他的从政生涯和借助于原子能来寻求国际合作与和平的政治理想。

退身政坛以后,奥本海默全身心地投入普林斯顿高等研究院的教学和管理,把他的教学风格和管理才能在这儿发扬光大,并组织了一系列重要的国

YUANZINENG YU RENLEI SHENGHUO

际学术活动，促进了其间量子场论的发展。

"原子弹之父"奥本海默，是50年代麦卡锡主义的受害者，是冷战年代美国恐共病和陷害狂潮下的牺牲品。奥本海默没有得过诺贝尔奖，但他的成就绝不亚于任何一位诺贝尔奖得主。

"两弹元勋"——邓稼先

邓稼先（1924～1986年）安徽怀宁人，著名核物理学家，中国科学院院士。

邓稼先祖父是清代著名书法家和篆刻家，父亲是著名的美学家和美术史家。"七七"事变后，全家滞留北京，16岁的邓稼先随姐姐赴四川江津读完高中。1941～1945年在西南联大物理系学习，受业于王竹溪、郑华炽等著名教授。1945年抗战胜利后，邓稼先在北京大学物理系任教。

"两弹元勋"——邓稼先

1948年10月，邓稼先赴美国印第安那州普渡大学物理系读研究生，1950年获物理学博士学位。在他取得学位后的第9天，便登上了回国的轮船。回国后，邓稼先在中国科学院近代物理研究所任助理研究员，从事原子核理论研究。1958年8月调到新筹建的核武器研究所任理论部主任，负责领导核武器的理论设计，随后任研究所副所长、所长、核工业部第九研究设计院副院长、院长、核工业部科技委副主任，国防科工委科技委副主任。

核武器

邓稼先是中国核武器研制与发展的主要组织者、领导者，被称为"两弹元勋"。在原子弹、氢弹研究中，邓稼先领导开展了爆轰物理、流体力学、状态方程、中子输运等基础理论研究，完成了原子弹的理论方案，并参与指导核试验的爆轰模拟试验。原子弹试验成功后，邓稼先又组织力量，探索氢弹设计原理，选定技术途径。领导并亲自参与了1967年中国第一颗氢弹的研制和实验工作。

邓稼先和周光召合写的《我国第一颗原子弹理论研究总结》，是一部核武器理论设计开创性的基础巨著，它总结了百位科学家的研究成果，这部著作不仅对以后的理论设计起到指导作用，而且还是培养科研人员入门的教科书。邓稼先对高温高压状态方程的研究也做出了重要贡献。为了培养年轻的科研人员，他还写了电动力学、等离子体物理、球面聚心爆轰波理论等许多讲义，即使在担任院长重任以后，他还在工作之余着手编写"量子场论"和"群论"。

邓稼先主要从事核物理、理论物理、中子物理、等离子体物理、统计物理和流体力学等方面的研究并取得突出成就。他自1958年开始组织领导开展爆轰物理、流体力学、状态方程、中子输运等基础理论研究，对原子弹的物理过程进行大量模拟计算和分析，从而迈开了中国独立研究设计核武器的第一步，领导完成了中国第一颗原子弹的理论方案，并参与指导核试验前的爆轰模拟试验。原子弹试验成功后，

拓展阅读

邓稼先求学报国

欢乐的少年时光并不长久，邓稼先生活在国难深重的年代，七·七事变以后，端着长枪和刺刀的日本侵略军进入了北平城。不久北大和清华都撤向南方，校园里空荡荡的。邓稼先的父亲身患肺病，喀血不止，全家滞留下来。七·七事变以后的十个月间，日寇铁蹄踩踏了从北到南的大片国土。亡国恨，民族仇，都结在邓稼先心头。

立即组织力量探索氢弹设计原理、选定技术途径，组织领导并亲自参与1967年中国第一颗氢弹的研制和试验工作。1979年，邓稼先担任核武器研究院院长。1984年，他在大漠深处指挥中国第二代新式核武器试验成功。翌年，他的癌扩散已无法挽救。1986年7月16日，时任国务院副总理的李鹏前往医院授予他全国"五一"劳动奖章。1986年7月29日，邓稼先因病去世。后被誉为"两弹元勋"。

曼哈顿计划

从1940年7月以后，福勒博士奉命陆续将英国在原子能研究方面的发展通知有关方面，并告知有可能在战争结束前造出原子弹，这才引起华盛顿当局的注意。最后，终于在1941年12月6日，即日本偷袭珍珠港的前一天才正式颁命设置机构从事发展原子弹的计划。

美国这项发展原子弹的计划，是一项政治冒险计划。在国际上，它是继德国生产V型火箭之后的第二次由国家出面组织的巨大工程。按着这个计划，当时美国把大量的人力、

铀同位素分离设施

物力都转移到了这一有可能要失败的项目上来。很多正在从事发展的雷达、潜艇探测、自动瞄准武器以及其他数不尽的急迫项目的优秀科技工作者，以及大批的技术工人都被调到这个项目上。大量的战略物资也都转用于这项工业体系的建立上。美国的原子弹计划就这样悄悄地开始了。

对科学工作的保密、保安及新闻检查制度，随着原子弹计划的推进也越

来越严密；这时候，已经完全不像大战前西拉德那样的自发行为或自我审查，而是实行强制性的保密措施。科学探索成了军事机密的重要部分。

1942年9月，政府战时办公室和军队领导决定把核计划交给格罗夫斯上校，并在不久之后把他提升为准将。格罗夫斯上任后48小时之内就成功地把计划的优先权升为最高级，选定了在田纳西州橡树岭作为铀同位素分离工厂基地。美国整个核研究计划命名为"曼哈顿计划"。

在美国的核研究中，有一半以上的物理学家是刚从欧洲逃到美国的，格罗夫斯认识到核研究是当时科学研究的最高峰，如果把这些优秀人才拒之门外，美国的原子弹计划就将成为泡影。他从美国的国家利益出发，团结了这批人来为自己的总战略和目标服务。不仅如此，即使政治上曾表现左倾的人，格罗夫斯也不犯忌讳，能团结并充分信任他们，给他们担当重任。

"原子弹之父"——罗伯特·奥本海默，即于1942年春天，应邀到芝加哥大学物理系讨论快中子与核的相互作用和原子弹问题，后被正式任命为"金属计划"理论部主任，组织讨论原子弹模型。

经过康普顿等几个著名科学家的推荐，格罗夫斯在史汀生的批准下，正式选定奥本海默担任原子弹实验室主任，并负责整个曼哈顿计划的科学协调。后来，1943年7月20日，格罗夫斯还亲自下令澄清了奥本海默等曼哈顿计划的科学家们的情况，进行了严密的监视，并作了详细的记录。军事当局同意奥本海默的建议，决定建立一个新的原子弹结构研究基地，在军事工程部的帮助下，

趣味点击

计划的优先权升级

格罗夫斯在上任后不到48小时内就成功地把计划的优先权升为最高级，并选定田纳西州的橡树岭作为铀同位素分离工厂基地。因为马歇尔上校的总办公室最初将设在纽约城，他们决定把新管区的名称命名为"曼哈顿"。于是，"曼哈顿工程区（或简称为曼工区）"就这样诞生了。美国整个核研究计划不久后取名为"曼哈顿计划"。

奥本海默与格罗夫斯选择洛斯—阿拉莫斯作为新的实验基地。

由于大多数科学家都反对实验室的军事化，格罗夫斯同意加州大学成为洛斯—阿拉莫斯实验室名义上的管理单位和合同保证单位，从而保证了研究室内部的自由学术讨论。由基地的军队负责实验室建设、后勤供应和安全保障。

洛斯-阿拉莫斯在新墨西哥州的一片沙漠环绕的大山之中，距离最近的小镇约48千米，是一个十分闭塞的地方。这里原有一所小学，附近还有农场。当奥本海默他们选定这里后，美国军事工程部和其他军事单位合作立即开始了紧急的工程建设，奥本海默等一批科学家也带着小型加速器等仪器设备不断地进入实验室。他们开始时对困难估计不足，认为只要6名物理学家和100多名工程技术人员就够了。但实验室到1945年时，发展到拥有2000多名文职研究人员和3000多名军事人员，其中包括1000多名科学家。

罗斯福总统在1942年为原子弹计划批准了4亿美元财政支持，其中2.2亿为曼哈顿计划研究费用，1.8亿为原材料采购费。

"橡树岭"地区的工厂建筑

在以后几年的工作中，为这项计划追加的投资远远超过了当初的计划。美国全国都为这个计划作出牺牲，橡树岭核工厂曾一度耗用了美国电力供应的10%。洛斯—阿拉莫斯的科学家负责整个计划的协调，他们在交通方面拥有比国会议员还要高的优先权。在洛斯-阿拉莫斯，军队一方面强化安全检查制度，另一方面尽量地为科学家和他们的家属创造良好的生活条件，成为美国历史上科学家和军队最成功的一次合作。

洛斯-阿拉莫斯等核研究基地，几乎集中了美国全国所有的优秀核科学家及有关学科的专家，他们自愿放弃自己的研究而跑到那里做一些很具体的技术工作，有的甚至为原子弹的研究献出了生命。此外，这项工程浩大的核计划还召集了大批优秀的青年学生，他们把自己的青春年华交给了核武器实验室，其创造性的工作和旺盛的斗志，大大加快了原子弹研究的进程。

原子能的释放，在实验室里已经被科学家认识到了，但它在实际应用中能否成功以及究竟有多大威力，至此，还是个谜。

在芝加哥大学为第一座核反应堆做出贡献的专家们，前排左一为费米

沙漠中升起的太阳

经过 5 年多的紧张努力，1945 年 7 月中旬美国人就要进行第一颗原子弹的试验了。在这样漫长的准备阶段，曼哈顿工程区是在极严格的保密控制下工作的。但是在新墨西哥洲沙漠上阿拉默果尔多第一次核试验的前几天，这个即将到来的事件对于洛斯—阿拉莫斯研究机构科学家的妻子和孩子们来说，已经不是什么秘密了。谁都知道，人们正在准备做一件极重要的激动人心的事情。有人把他们工作的目标称为凶神。

1945 年 7 月 12 日和 13 日，试验性原子弹的内部爆炸机械各组成部件，由洛斯-阿拉莫斯经战时建成的秘密道路运了出来，这些部件由装置地段运

往试验地区。这个著名的地区叫做"死亡地带"。就在这儿的沙漠中心,已经立起了一座高大的钢架,原子弹就将装在上面。

在最后的几个星期中一直没有从洛斯－阿拉莫斯离开的那些进行最后阶段工作的原子科学家们,正整装待发。他们备足了食物,并且按照领导的特殊指令穿上了特别服装。连着两天雷雨大作,15日召集全体试验参加者开了一个会,然后到会者分乘了几辆伪装的各种颜色的小轿车,经过4小时的路程到达了试验场。

深夜两点钟以前大家都在就地待命,然后集合在距离那高大钢架16千米开外的宿营地,这个钢架上现在正

1945年9月9日,奥本海默和格罗夫斯重回核爆试验场,站在托在原子弹的铁塔的残骸旁边。

放着一颗未经试验过的原子弹,这是他们整整两年的劳动成果。他们都戴上了准备好的黑色保护镜,以预防辐射的烧伤,脸上也涂了油膏,免得炽热的光线伤害皮肤。

在距离装载炸弹的钢架大约10千米的一个观测站上,洛斯－阿拉莫斯主任奥本海默和曼哈顿工程总负责人格罗夫斯将军正在指挥着这一次历史性的爆炸。他们在同气象学家商讨过后,决定在7月16日5点30分起爆。

他们每个人都无一例外地戴上防护眼镜伏卧在地面上。如果有谁想用肉眼直接观看爆炸引起的火焰,就可能丧失视力。因此,没有人敢去看原子弹爆炸火焰的第一道闪光,他们所看到的仅仅是从天空和小丘反射出来的炫目的白色光亮。但是,还是有人激动得甚至忘了戴面罩就下了汽车。只有两三秒钟的工夫,他们就都丧失了视力,终于未能看到几年来朝思暮想的这幅景象。

核武器

起爆后,在整个观测站周围的广大地区,都被刺目的闪光照亮,爆炸后30秒钟,暴风开始向人们和物体冲击,随之而来的是强烈的持续的怒吼,大地在颤抖。

住在离试验区200千米以内的居民们,当天在5点30分左右也看到了空中的这道强烈的闪光。力图保住全部机密的保安机关所作的努力,没有奏效,不过几天,关于原子弹试验成功的消息就传到了曼哈顿工程区的所有实验室。直到试爆以前,没有一人知道爆炸效果会是如何,但是爆炸后算出来的大致效果比原来估计的要大10倍乃至20倍。

原子弹爆炸

现在,对应用原子能力量的认识,终于从科学家小小的圈子里扩展到整个曼哈顿工程区的范围。核能工程是一种耗资巨大的工程,一开始就以国家规模展开。从1941年美国参战前夕正式颁布制订原子弹计划起,到1943年建设第一个核武器研究和制造中心洛斯-阿拉莫斯实验室,开始研制原子弹,1943~1944年建成第一座制钚工厂汉福特制钚厂,1943~1945年建成第一座分离铀-235的工厂橡树岭气体扩散工厂,直到1945年7月16日在新墨西哥州阿拉默果尔多沙漠进行第一颗原子弹的爆炸试验等,这一系列浩繁工程,都是依靠政权力量来实现的。

知识小链接

爆　炸

爆炸:在极短时间内,释放出大量能量,产生高温,并放出大量气体,在周围介质中造成高压的化学反应或状态变化。

YUANZINENG YU RENLEI SHENGHUO

破坏力极大的"三弹"

核能的发现正值第二次世界大战的前夕。虽然科学的本意在为人类谋取福利，不幸的是，在这个充满斗争的世界上，核能刚从实验室崭露头角的时候，就被人们拖进了战争的深渊。

核能的威力一经确认以后，就会在军事上获得应用。当时的美国，为了战胜德、意、日法西斯力量，在1945年二战结束前造出了三颗原子弹，8月，其中的两颗投掷于日本的广岛和长崎，投在广岛的原子弹叫"小男孩"，投在长崎的原子弹叫"胖子"。原子弹为促使第二次世界大战的尽早结束，虽作出了历史性的贡献，但杀伤力太大，以致误伤了许多日本的和平居民。据日本的统计，8月6日轰炸广岛的原子弹造成118661人死亡（一年后的宣布数字），而8月9日轰炸长崎的原子弹当即造成死亡74000人，重伤75000人。

对于一般人来说，首先是从这两颗原子弹认识到原子能威力的。

投掷原子弹"小男孩"的"埃诺拉·盖伊"号 B29 轰炸机

1949年8月29日，苏联也成功地进行了第一次核试验，爆炸力相当于21万吨梯恩梯。

1952年10月3日，英国成为第三个核大国。

1960年2月13日，法国成为"核俱乐部"的第四个成员国。

投向长崎的"胖子"

长崎原子弹爆炸中心地点

中国第一颗原子弹爆炸成功后升起的蘑菇云

这个阶段，氢弹也在加紧研制。1952年11月1日，美国在太平洋上的埃尼威克岛上进行了第一次氢弹试验，其爆炸力为1000万吨级，把该岛一扫而光。1953年8月12日，苏联也成功地进行了一次氢弹试验。

1977年又出现了中子弹。

美国投在广岛和长崎的两颗原子弹，按当时这两个城市人口计算，平均每人头上掉下了相当于50~100千克梯恩梯炸药。上世纪80年代美国拥有各种核武器3万多枚，总当量超过90亿吨，苏联拥有各种核武器2.5万多枚，总当量约为130多亿吨。这相当于全世界每人头上平均有相当于5吨梯恩梯炸药。当时美苏制造了那么多的核武器，其目的是为了称霸世界。

中国于1964年10月16日成功地爆炸了第一颗原子弹，1967年又成功地进行了氢弹试验，具备了一支有限的核武装力量。我们研制和装备核武器，完全是为了自卫，为了打破当时美苏的核垄断，最终为全面禁止并彻底销毁核武器创造条件。

核武器又称原子武器，它是利用原子核反应在一瞬间放出巨大的能量，造成大规模杀伤破坏的武器。原子弹、氢弹、中子弹都叫核武器，氢弹又称热核武器。

中国首次空投原子弹的轰炸机

中子弹爆炸

原子弹是利用重核裂变释放出巨大能量来达到杀伤破坏目的的武器。它使用的核装料有铀－235和钚－239。

原子弹的爆炸原理是：它在爆炸前，核装料在弹内分成几块，每块都小于临界体积（能使链式反应不断进行下去的核装料最小体积），而它们的总体积却大大超过临界体积。爆炸时控制机构先引爆普通的烈性炸药，利用爆炸的挤压作用，使几块分离的装料迅速合拢，使总体积大于临界体积。这时，弹内的镭铍中子源放出中子，引起裂变链式反应，在百万分之一秒的极短时间内释放出巨大能量，引起猛烈爆炸。

原子弹爆炸，要通过对临界体积的控制来引发，根据引发机构的不同可分为两种不同类型的原子弹：一种是"枪式"原子弹；另一种是"收聚式"原子弹。

1945年8月6日，投在日本广岛代号叫"小男孩"的原子弹就是这种

"枪式"结构,弹重约4.09吨,弹长3.05米,直径0.711米,内装50多千克铀-235,但爆炸的威力只有12500吨梯恩梯当量(按理1千克铀-235若全部裂变,应释放出大约18000吨梯恩梯当量)。"小男孩"弹的核装料利用率很低,不到2%。经过改进的枪式原子弹,效率提高到10%左右。一颗原子弹的核装料一般需要16~25千克铀-235,或者5~10千克钚-239。

枪式原子弹结构简单,容易制造,但核装料的利用率很低,很难用钚-239作为核装料。

"小男孩"装药示意图

收聚式原子弹结构复杂,技术要求高,但是,它的核装料有效利用率高,达20%左右。1945年8月9日,美国投在日本长崎的名叫"胖子"的原子弹就是收聚式的,弹重约4.54吨,长3.252米,直径1.525米,内装20千克钚-239,其当量为22000吨梯恩梯,核装料的利用率约6%。

现代原子弹的构造,采用的是一种压拢(枪式)与压紧(收聚式)混合型的原子弹,核裂变材料的利用率高达80%左右。

氢弹是利用核聚变反应释

日本的移民史

考古研究发现,在数十万年前来自中国东北的原始人类进入朝鲜半岛上居住,一些又迁徙到日本。考古学和人类学观点认为,日本民族是主要由东北亚通古斯语族人、古代中原人、少量长江下游的吴越人、少量马来人以及中南半岛的印支人,逐渐迁移到日本融合衍变而来的。从1996年开始,中日两国考古学、人类学和医学专家联合组成的中日人骨共同调查团多次证实了以上的结论。还有一条移民路线是从中国东部直接跨海到日本。日本原来是没有文字的,所以一直使用中国的汉字。

放出的巨大能量来达到杀伤破坏目的的武器。它的核装料可以是氘和氚，也可以是氘化锂-6。同时，必须用一颗小型原子弹作为引爆装置。

氢弹在弹壳里面，装有氘和氚，这些就是氢弹的核装料。另外还有三个互相分开的铀-235或钚-239块，作为产生原子弹爆炸的核装料及普通炸药做的引爆装置。

当雷管引起普通炸药爆炸时，就将分开的核装料（铀-235或钚-239）迅速地合拢，这样就产生了裂变反应，同时还产生了上千万度的超高温，使氘和氚产生了聚变反应。在超高温下，氘氚成为一团由赤裸裸的原子核和自由电子所组成的气体，并以很高的速度相互碰撞，迅速剧烈地进行合成氦的反应，放出巨大的聚变能，这就是氢弹的爆炸过程。

氢弹爆炸

中子弹又称"加强辐射弹"，它是一种战术核武器，与原来的战术核武器不同的地方是它用中子和伽玛射线，特别是以中子来起杀伤作用的核武器，所以又称"加强辐射-弱冲击波弹"。它是在小型氢弹的基础上发展起来的，和普通氢弹比有以下几点不同：①装料不同，不能用氘锂-6，而用氘和氚；②引爆中子源的强度不同，要求中子源放出更多的中子；③引爆原子弹的当量不同，当量越小越好，最好用钚-239；④要用一定厚度的铍作中子反射层，以增大中子的比例，而且可减少冲击波和辐射作用。

核爆炸的杀伤破坏一般是指冲击波、光辐射、贯穿辐射、放射性污染及电磁脉冲等五种。前三种作用时间很短，是瞬时的或早期的杀伤破坏因素。第四种作用时间较长，而最后一种只不过几百微秒。冲击波是核武器的基本杀伤破坏因素，约占总释放能量的二分之一，它可以在空气、水和土壤等介质中传播。光辐射这个因素无足轻重，可以不加考虑。贯穿辐射是 a 射线、β 射线、γ 射线和中子流所组成，虽然只占爆炸总能量的 5%，但具有特殊的危险性，不能忽视。放射性污染是一种潜伏的敌人，核爆炸之后，放射性污染的面积较大，人员不能进入现场；放射性对人体的伤害主要是外照射、内照射和皮肤沾污。电磁脉冲对人体和建筑都无伤害，只对电子设备、线路和电子元件造成干扰和破坏。

核武器同其他新式武器出现一样，也相应地出现了防御它的种种方法。只要以科学的方法来防御它，核武器并不可怕。

知识小链接

放射性污染

在自然界和人工生产的元素中，有一些能自动发生衰变，并放射出肉眼看不见的射线。这些元素统称为放射性元素或放射性物质。在自然状态下，来自宇宙的射线和地球环境本身的放射性元素一般不会给生物带来危害。50 年代以来，人类的活动使得人工辐射和人工放射性物质大大增加，环境中的射线强度随之增强，危机生物的生存，从而产生了放射性污染。放射性污染很难消除，射线强弱只能随时间的推移而减弱。

核潜艇

作为核能的另一个重要应用，就是核潜艇。它是在常规潜艇基础上发展起来的，以核反应堆作为它的动力装置。

核潜艇是袭击水面舰只，破坏敌人海上运输的新型战舰。它以隐蔽性好、续航力大、潜航时间长、航速高的特殊优点遨游在海洋之中。在敌人的突然袭击下，只要留有一艘导弹核潜艇，就能给敌人以沉重的回击，因为其装备的核导弹具有强大的摧毁力量。

由于核潜艇海上航行和战斗的特殊需要，它的核动力装置还是有不同于核电站之处的，要求其体积小，重量轻，控制系统简单、灵活和自动化；各项设备要耐冲击、耐振动、抗摇摆，并能在潜艇横倾、纵倾达40°~50°的条件下良好地工作；各项设备要做到安全、可靠、不出事故；机器转动的噪音要尽量小，核辐射、热辐射、电磁辐射都要尽量弱，免于敌人发现。所有这些，对核潜艇的设计和制造都提出了严格的要求，也是它的困难所在。

基础小知识

核辐射

核辐射，或通常称之为放射性，存在于所有的物质之中，这是亿万年来存在的客观事实，是正常现象。核辐射是原子核从一种结构或一种能量状态转变为另一种结构或另一种能量状态过程中所释放出来的微观粒子流。核辐射可以使物质引起电离或激发，故称为电离辐射。电离辐射又分直接致电离辐射和间接致电离辐射。直接致电离辐射包括质子等带电粒子。间接致电离辐射包括光子、中子等不带电粒子。

1949年5月18日，美国海军作战部长召开潜艇作战会议，对核潜艇和常规潜艇的战术技术性能进行了全面的比较和分析。由于潜艇在潜航状态有着良好的隐蔽性，所以在第二次大战中取得了卓越的战绩，许多潜艇击沉的舰船总吨位比潜艇自身的吨位高数十乃至上百倍。但常规潜艇的柴油发动机只有在水面状态或通气管运行时才能使用，潜航时要靠蓄电池航行，最大水下续航距离只有50多千米，且航速低；若以高速潜航，只能维持一小时。所以常规潜艇必须经常上浮至水面或通气管状态，再启动柴油发电机进行充电，因此大大降低了自身的隐蔽性和机动性。由于反潜艇技术的进展，第二次大战后期，常规潜艇被击沉的数字也在迅速增加。如果潜艇能用核动力进行装备，就能有效地克服这一致命弱点。

会后，由水下作战部长提出的潜艇会战报告中强调："核动力装置是一种可能对潜艇的设计与整个水下战争艺术产生深远影响的全新推进手段。能够在海洋中无限制活动的理想潜艇的出现，可彻底改变海战的整个面貌。海军十分强烈地支持核动力潜艇的发展。"

1951年8月20日，海军正式和电动船舶公司签订了建造第一艘核潜艇的合同。1951年10月25日，美海军部长决定核潜艇的代号为SSN，并命名首艇为"舡鱼"号。

1952年6月14日，"舡鱼"号进行了隆重的龙骨铺设仪式，总统、国会领袖、三军将领、原子能委员会官员、工业界首脑和众多的新闻界人士应邀出席。当时的总统杜鲁门发表了演说。核潜艇进一步得到社会各界的关注。

"舡鱼"号核潜艇

1953年3月3日，"舡鱼"号的陆上原型堆达到了临界（即链式反应可以持续）。6月25日，反应堆提升到满功率并进行了全面的试验。在长达96小时的连续运行中，反应堆情况良好，相当累计航程1250千米。陆上原型堆的建造和成功，为"舡鱼"号的核动力装置奠定了坚实的技术基础。1954年1月21日，在电动船舶公司的格罗顿船厂，艾森豪威尔总统夫人主持了"舡鱼"号的下水典礼，装饰得五彩缤纷的核潜艇，从倾斜的龙骨墩上，徐徐滑入宽阔的江面。

1955年4月22日，"舡鱼"号作为世界上第一艘作战核潜艇加入美国海军服役。"舡鱼"号以16节的航速，历时84小时，完成了从新伦敦到圣胡安的690千米首次长距离潜航。随后从佛罗里达州到新伦敦，又以平均20节的航速，连续潜航了698千米。1955年7月至8月间，"舡鱼"号和大西洋舰队进行编队作战演习时所呈现的优异性能，给人以更深刻的印象。"舡鱼"号和几艘常规潜艇，对由一艘航空母舰和几艘驱逐舰组成的反潜舰队展开攻击，水面的护航驱逐舰和航空母舰上起飞的飞机,都可以发现并攻击常规潜艇;但却无法发现一直处于潜航中的核潜艇,高速潜航中的"舡鱼"号甚至能躲避标准鱼雷的攻击。至此,潜艇核动力的优越性得到了充分的证实。"舡鱼"号的核反应堆用第一炉核燃料航行了312814米,其中95%以上一直处于潜航状态,仅消耗了几千克浓缩铀,若常规潜艇以相应速度续航这一距离,则需800万公升燃油。1957年4月,"舡鱼"号换装了第二炉核燃料,随即参加了太平洋舰队的反潜演习,开创了一次潜航3049千米的新记录。不久又开始了去北极的探险航行,在1958年8月3日23点15分,穿过了北极,完成了航海史上潜艇的首次极地航行。获得了表彰荣誉的"舡鱼"号,取道英国再向西航行,又以21节的航速连续潜航了1925千米的新记录抵达纽约港,受到热烈的欢迎。

洲际战略核导弹

潜艇的核动力推进是舰艇发展史上的划时代变革,但鱼雷武器自第一次世界大战以来并未取得重大进展。第二次世界大战后的数年间,美国的导弹技术已取得相当大的发展。因此,美国海军在建造首批鱼雷核潜艇的同时,对核潜艇和导弹联姻的可能性始终怀着浓厚的兴趣。原子能委员会的官员们则更是急不可待,认为核潜艇上配备鱼雷武器太委曲了核动力。

拓展思考

鱼雷

现代鱼雷具有航行速度快、航程远、隐蔽性好、命中率高和破坏性大的特点,可以说是"水中导弹"。它的攻击目标主要是战舰和潜水艇,也可以用于封锁港口和狭窄水道。

"好马还得配好鞍"。1955年，在"舡鱼"号开始了历史性的核动力航行后不久，美国国家安全委员会发出了一份有关导弹发展的意向报告。主张优先发展中远程导弹，并优先考虑在舰艇上发射。这一要求得到了国防部、国会、原子能委员会和海军的广泛支持。然而，当时的美海军作战部长卡尼上将，虽然看到了核动力和导弹技术的发展和结合会给海军带来光明的前景，但在导弹核潜艇的研制上

天狮星－1型导弹

却裹足不前，并粗暴地拒绝他的上司海军部长托马斯要求积极发展导弹核潜艇的建议，坚决地抵制托马斯对海军军事事务的干预。

苏联第一艘核潜艇 K－3号艇
（"列宁共青团员"号）

被激怒了的托马斯斥责卡尼守株待兔的短视，立即解除了卡尼海军作战部长的职务。1955年8月，任命军衔较低的伯克少将接任，扫清了人事上的障碍。托马斯和伯克一致决定，同时发展飞航式导弹核潜艇和弹道导弹核潜艇，并迅速组建了海军弹道导弹设计局，以雷伯恩少将为长官，赋予海军中的最高优先权。

到1955年，美国海军在德国V－2飞弹基础上发展起来的天狮星－1型飞航导弹，已装备了几艘常规潜艇和水面舰艇，所以将飞航式导弹移植到核

潜艇上并无技术上的困难。天狮星-1型导弹的射程为1000千米,时速800千米,可在1000米的高空飞行,然后作垂直俯冲,或低空接近目标。主要缺点是,飞航式导弹发射的时候,潜艇必须上浮到水面上来,所以隐蔽性较差。

在弹道导弹方面,1955年11月,美国国防部指令海军和陆军共同发展"木星"中程弹道导弹。但海军很快发现这种采用液体推进剂的导弹不仅尺寸太大,使潜艇无法容纳,而且在技术上和可靠性方面均存在着海军难以逾越的障碍。

北极星导弹水下发射

1957年8月,苏联成功地发射了世界上第一枚洲际弹道导弹,10月间用推力更大的洲际火箭将世界上第一颗人造卫星送入了宇宙空间。苏联的成就意味着,几乎美国所有的大城市都进入了苏联陆基导弹的打击范围。与此同时,美国则尚无相应的报复和防御手段。危机的气氛笼罩着华盛顿。美国第一次感到了苏联毁灭性核打击的严重威胁。

1958年,苏联第一艘核潜艇建成,性能胜过了美国的"舡鱼"号和"鳐鱼"号核潜艇,结束了美国在核海军中的垄断地位。严峻的现实迫使美

拓展阅读

木 星

木星,为太阳系八大行星之一,距太阳(由近及远)顺序为第五,亦为太阳系体积最大、自转最快的行星。木星主要由氢和氦组成,中心温度估计高达30500℃。古代中国称之岁星,取其绕行天球一周为12年,与地支相同之故。西方语言一般称之朱比特(拉丁语:Jupiter),源自罗马神话中的众神之王、相当于希腊神话中的宙斯。

国当权派重新估计美国在武器装备领域中的技术优势及防御能力。

美军参谋长联席会议频频商讨对策,陆、海、空三军都提出了扩充部队和研制新型武器装备的要求。此时海军中本来就获得最高优先权的北极星核潜艇研制计划,由此得到了新的刺激和活力。根据新的扩军备战计划,美国海军拥有第一艘导弹核潜艇的时间,将不是1965年,而是提前到1959年。到1965年,美国海军已不再是只有一艘,而将拥有20余艘北极星导弹核潜艇。

1959年12月30日,第一艘北极星导弹核潜艇华盛顿号编入美国海军服役。1960年7月2日,华盛顿号首次成功地进行了水下导弹发射。当海面上突然抛起一股水柱,导弹迅速破水而出,待完全摆脱海水的纠缠以后,火箭发动机开始工作,熊熊呼啸的火焰喷射着冲击着海面,沸腾的海水四处喷溅。加速起飞的导弹直射天宇,进入同温层,沿着既定的弹道飞行了2000千米,溅落在茫茫大海之中。

核潜艇自出现以来,其攻击能力大有改进,主要表现在如下三方面:

首先,核武器威力增加。早期的弹道导弹核潜艇只携带单个核弹头的导弹。由于潜艇在水中浮动,发射条件比以陆地为基地的导弹差,射击命中精度不高,只能用来攻击城市和机场等大型目标。像敌方的洲际导弹发射井和地下作战指挥中心等有坚固钢筋水泥工事的目标,不易命中。但是使用恒星星光导航技术来校正潜基导弹的弹道,使射击精度大有改进,提高了击毁敌方目标的命中率。利用分导多弹头导弹使敌人的反导弹系统防不胜防。美国的31艘海神式核潜艇每艘带16枚导弹,每枚导弹有14枚分导弹头。这样,一艘潜艇可以攻击224个战略目标。

以对付敌方舰船为主的攻击型核潜艇仍以鱼雷为进攻武器。老式鱼雷发射后就不能再改变它的航向,速度比军舰大得不多。鱼雷前进时,有明显的航迹,敌舰发现后来得及转弯躲避。现代的制导鱼雷就是一枚水中导弹,装有制导装置,能自动跟踪目标。另外有火箭助飞,这种火箭助飞鱼雷先飞入空中,高速飞到敌舰附近落入水中,然后自动瞄准驶向目标,敌舰躲避的可能性是很小的。鱼雷上还可装小型核弹头。

第二方面是提高核潜艇的航速。大功率的核反应堆和流线型的艇体，使攻击型核潜艇航速提高到40节，大于航空母舰、驱逐舰等的最大航速。

第三方面是加大核潜艇的续航力。续航力决定了舰艇能用于作战的时间。返回基地加燃料或在补给船处加燃料以及返回作战海域途中的舰艇都不能用来作战。

号称"世界潜艇之王"的三叉戟核潜艇

美国第一艘核潜艇的续航力达30000多千米，是常规潜艇的6倍。但核潜艇返回基地换装核燃料很费功夫，往往要一年多时间。目前已做到一次装入核燃料可连续航行10年，航程25万千米。不过，人在不见天日的水下生活，哪怕只连续呆两三个月，也是难以适应的，所以通常每两个月就得轮换一次人员。

核潜艇的自卫能力表现在两个方面，一是它能隐蔽起来，不被敌方发现；二是能在己方其他兵种保护下活动。

反潜技术关键是探测潜艇

趣味点击　核潜艇

核潜艇是核动力潜艇的简称，核潜艇的动力装置是核反应堆。世界上第一艘核潜艇是美国的"鹦鹉螺"号，1957年1月17日开始试航，它宣告了核动力潜艇的诞生。目前全世界公开宣称拥有核潜艇的国家有6个，分别为：美国、俄罗斯、中国、英国、法国、印度。其中美国和俄罗斯拥有核潜艇最多。核潜艇的出现和核战略导弹的运用，使潜艇发展进入一个新阶段。装有核战略导弹的核潜艇是一支水下威慑的潜艇。

在水下什么地方。只要查明潜艇的准确位置，就可由水面舰只、反潜潜艇或飞机发射反潜鱼雷把它击毁。核潜艇再快也快不过飞机，它很难逃掉。

　　探测水下潜艇比较有效的方法是用声纳探测潜艇航行时发出的噪声。噪声的来源有两个：一个是带动螺旋桨的减速齿轮，一个是反应堆里使水循环的主泵。上世纪70年代的核潜艇有不少采用先让汽轮机发电，再由低速电动机带动螺旋浆的做法，消除了齿轮的噪声。消除主泵噪音的办法是不用主泵。反应堆里的水靠进出口的温度差进行自然循环。此外，凡能产生噪音的其他设备都加装消音器，管道尽量去弯取直，艇身用吸音材料覆盖起来。经过种种改进，最新式的三叉戟导弹核潜艇的噪音只有海神型核潜艇的1/3。

　　过去潜艇主要用来袭击敌方舰船，常常单艇行动。第二次世界大战时，纳粹德国的潜艇曾经采用狼群战术袭击英美运输船，那时也不过几艘潜艇一齐行动。而如果动用本国海军空军保护水下潜艇的行踪，那么，这种措施等于告诉敌人这下面是潜艇。但是，对导弹核潜艇来说却可以采用这个办法，就是利用己方的以海岸为基地或以航空母舰为基地的空

中国第一艘攻击型核潜艇

军，控制核潜艇所在海域，根本不让敌方的反潜飞机或舰只进入。只要潜艇不浮出水面，人造卫星就探测不出它的具体位置，即使让敌人知道这片海域下有核潜艇也并不造成威胁。而核潜艇上的导弹有足够长的射程，可以打击敌方任何战略目标，核潜艇是一座活动的隐蔽的洲际导弹基地。

　　中国历来反对毁灭性极大的核武器，但是，为了防止别人欺侮我们，为

了保护自己的国家，也为了捍卫世界和平，只要别人有核武器，我们也要有。因此，中国依靠自己的科学家，也发展了核武器。1964年我国研制的第一颗原子弹爆炸成功，1967年第一次氢弹试验成功，1971年第一艘核潜艇下水成功。

中国已经建成有效的威慑性武装。但是，中国多次郑重声明不首先使用核武器。如果国际间能达成全面禁止和彻底销毁核武器的条约，并且找到有效监督的办法，我们也会遵守。全世界爱好和平的科学家和人民正在为此做不懈的努力。

核冬天

过去曾有的关于核战争的种种描述，其后果大多是核爆炸所产生的火球高温热辐射、冲击波、放射性污染、电磁辐射等造成的破坏。曾有人认为，发动突然核袭击的国家总要占便宜的，而世界上也总会有些角落幸存下来。现在根据模拟计算"核冬天"的理论，推导出了一个新的观念：核大战除引起上述几种直接后果外，更为严重的是引起全球性的气候变化，几乎没有一个地区能够避免这场灾难的后果。

1988年联合国发表了一项报告，警告说，如果打起核大战，地球上的50亿人将有40亿人在当时死伤或在战后饿死。这个报告是由联合国委托的国际专家团就一场核大战对人类、地球生态、大气等各方面造成的影响，描绘的一幅核大战后的地球惨状图。

这个国际专家团是由11个国家的专家组成的。当时的报告认为，世界上的核弹头总量已达5万个以上，爆炸起来相当于15000百万吨的TNT。核弹爆炸后除了直接杀死数以十亿计的人之外，还会形成一个"核冬天"。

核武器

现今世界的人类好像坐到了火药堆上，地球上无论男女老幼，每人都可以分到最少3吨的炸药。如果以广岛原子弹轰炸的死亡人数来计算，那么，现在所存核武器的杀伤力可消灭整个地球人类50次。

常规弹药库的爆炸，人们已有所见。第二次世界大战中，上千架飞机对汉堡和德累斯登等城市的轰炸也有实况记录。而核武库的爆炸、集团式的核轰炸，人们却从未见过，也不可能去从事这类试验。即如广岛、长崎原子弹的袭击，也仅是"零星战斗"，犹如热闹市区偶尔听到的一两次手榴弹爆炸声，是根本无法与空军集团大规模轰炸相比的。要是核大战真会打起来的话，人们更是难以想象。

因此，笼统地谈论未来核战争中将会伤亡多少人，已不足以说明它的危害，对其战后还将可能造成的恶果需作科学的定量的论证。

1815年，欧洲坦博拉火山爆发，向天空喷射出大约100立方千米的烟尘，并且漂浮了近两年的时间，使当时的欧洲出现寒冷的夏天。

第二次世界大战期间，德国汉堡和德累斯登两城市被轰炸后形成像龙卷风样的熊熊大火；日本广岛、长崎被原子弹袭击后的天昏地暗，大气透明度降低4万倍，造

"小男孩"原子弹在广岛上空爆炸的情景

成了白天的"黑夜"。

世界卫生组织估计，一次大规模的核交战，将立即消灭11亿人，受重伤的人数也大致相同。而这种灾难仅仅是一个开端。有关专家把核战争可能对气候产生的恶劣后果看得尤为严重，以前所估计的其他长远影响与之相比，简直可以忽略不计。他们说，经过最周密思考的推测表明，在可以想见的影响中，一次大规模的核战争将对地球上的生物界和无生物界发生6500万年以来最大的破坏。

在一场以城市和军事目标为主的核大战中，大多数目标都在北半球，所以上千次的核爆炸所引起的风暴性大火会将大量尘埃和烟灰散布到北半球的大气中。一两周之内，由此而集结成的黑云覆盖着北半球的大部分地方，尤其是中纬度地带，其中包括美国、加拿大、俄罗斯、欧洲、中国和日本的大部分地区。在乌云笼罩之下，几乎看不到阳光，整个半球平均来说，只有比平常千分之一还少的阳光可以到达地面，即使是较小的核战争也要减少光强度的95%以上。由于大部分阳光被隔绝，地面温度将骤降几十度。无论什么季节，在交战后一周左右，内陆的温度将远远低于零度。非常寒冷的气温将持续许多周，甚至几个月。

假如有50亿吨TNT当量的核弹头在交锋时爆炸，在核爆炸后约20天的时间内，天空比阴霾密布还要黑暗些，这是所谓"核黑夜"。在核爆炸后约100天的时间内，北半球的温度均处于冰点以下，北半球引起内陆平均气温下降到－23℃，即使1亿吨级爆炸只发生在城市，也能产生足够的烟染黑了天空并使内陆地带温度降到－20℃，要用三个多月的时间才能复原。如果是100亿吨级的核爆炸的情况，那就更不堪设想了，北半球中纬度地表温度将平均下降到－50℃，并在一年甚至更长的时间内保持在零度以下。

进一步的研究指出，如果全球战略核武器的0.8%（即大约1亿吨级）用于轰炸1000个城市，即相当于引发50亿吨级核武器一样的后果。这样影响气候的结果已与我们所谈的战争类型无关了。在此表明，存在一个阈值，大致是1亿吨级上下，超过它就可能引起气候效应。

这项研究告诉人们，任何超过这一阈值的攻击，不管有无报复，都是一种自杀行为。有人说，一个攻击者只能取得大约两周的"胜利"。

当然，不仅仅只有"核冬天"的问题，核战争的结果，在城市和工业地区，合成材料大规模的燃烧将释放（除烟之外）一种致命的有毒混合气体（称为热毒），其中有一氧化碳、氧化氮、臭氧、氰化物、三氧化物和呋喃，这类气体将覆盖北半球大部分地区，并持续好几个月。

同时，核战争将引起平流层臭氧的破坏，使得紫外线B区的辐射穿透过去。如果烟云仍然存在，就能够吸收大部分紫外线B，但臭氧保护层将恢复得更慢。因此，天空晴朗后地球的表面在几年内将受到致命的辐射。

基础小知识

臭 氧

氧气的同素异形体，每个分子由三个氧原子组成。当其存在于平流层时有助于保护地球上的生物免受紫外线的伤害，而当其在地球表面附近时，是城市光化学烟雾的一种组分，对植被和人类有伤害作用。

由于缺少阳光，蒸气将明显地减少，因此可能减少大气中的潮气，使降雨量急剧下降。

相反，在核战争的若干时间之后，由于6～8千米高的大气层的温度有较大的上升，在科迪勒拉山脉（美国、加拿大）升高7℃，在安第斯山脉升高5℃～60℃，在西藏升高20℃，从而有可能使世界上几个大山系顶峰的冰雪融化，造成几个大陆上大规模的洪水泛滥。世界各地区温度差别较大的另一个后果表现是，因为海洋的热容量很大，海洋表面的大气温度下降就相对较少，只有几度。这样，陆地和海洋的温差很可能引起恶劣的气候，猛烈的风暴。

上述的大部分看法，是美、苏科学家分别进行研究而共同取得的一致的结果。

由于阳光在相当长时间内减少95%以上，这意味着对绿色植物，即所有重要的生态系统的基础遭到了毁坏。因为所有的动物包括人类在内，都直接或间接地依赖于绿色植物，而后者是通过光合作用从阳光中获得能量的。所以严重的缺乏阳光也就意味着生物量的锐减。在"核冬天"的烟云覆盖着的天空，由于几周之内光强太小，以致大多数植物都不能生长。100亿吨级爆炸的严重情况，会把正午变得相当于午夜，并维持好多周，暗得根本不可能进行光合作用，需要一年多的时间才能完全恢复到核爆炸前的光照强度。

寒冷和黑暗的效果是互相影响的，一种作用同时加强了另一种作用：寒冷对植物的损害需要大量的阳光来恢复，光合作用的速率由于低温而减慢。热带和亚热带的植物尤其容易受损害。如果气候的影响还向南方扩散，这些地区的庄稼和野生植物也将会遭到破坏。

核战争的幸存者将面临着黑暗的、迅速寒冷起来的世界，这里到处是放射性污染，充满了烟雾。大部分我们习以为常的社会服务，例如，医疗卫生系统、粮食和水的分配系统、集中供热和能源供应系统、通信系统，等等，都被完全破坏了，城市和工业基地将成为废墟。由于缺乏必需的卫生系统和医疗照顾，冻饿及辐射导致疾病的蔓延，饥荒将司空见惯。

安第斯山脉的组成

安第斯山脉不是由众多高大的山峰沿一条单线组成，而是由许多连续不断的平行山脉和横断山脉（或科迪勒拉）组成的，其间有许多高原和洼地。分别称为东科迪勒拉和西科迪勒拉的东、西山脉界线分明，勾勒出了该山系的主体特征。东、西科迪勒拉总的方向是南北走向，但东科迪勒拉有几处向东凸出，形成形似半岛的孤立山脉，或像位于阿根廷、智利、玻利维亚和秘鲁毗连地区的阿尔蒂普拉诺那样的山间高原。

原子能与人类生活 核武器 　　Y JANZINENG YU RENLEI SHENGHUO

原子能与人类生活

核能发电

YUANZINENG YU RENLEI SHENGHUO

　　核能发电它与火力发电极其相似。只是以核反应堆及蒸汽发生器来代替火力发电的锅炉,以核裂变能代替矿物燃料的化学能。
　　核能发电的能量来自核反应堆中可裂变材料(核燃料)进行裂变反应所释放的裂变能。裂变反应指铀-235、钚-239、铀-233等重元素在中子作用下分裂为两个碎片,同时放出中子和大量能量的过程。反应中,可裂变物的原子核吸收一个中子后发生裂变并放出两三个中子。若这些中子除去消耗,至少有一个中子能引起另一个原子核裂变,使裂变自持地进行,则这种反应称为链式裂变反应。实现链式反应是核能发电的前提。

原子能与人类生活 核能发电　YUANZINENG YU RENLEI SHENGHUO

能源幻想

人类为寻找能源曾绞尽脑汁，留下过很多美妙设想。

地理学家们知道，每秒钟有 8.8 万立方米的海水从大西洋经直布罗陀海峡流入地中海，然后在那儿蒸发掉。而流动的水只要有落差就可用来发电。因此早在 20 世纪初就有人建议，用水坝将直布罗陀海峡拦住，把地中海的水位人为地降低 200 米，这样建在直布罗陀海峡上的水电站就可以发出 1.2 亿千瓦的电力。

人们还想利用地球本身来发电。具有磁场的天体旋转时，由于电磁感应，会产生电动势。我们的地球每 24 小时旋转一圈。如果利用地球作为天然发电机的转子，南北极成为正的接线端，赤道成为负的接线端，则理论上可获得 10 万伏左右的电压。利用这种异乎寻常的发电机，就可以把地球巨大的转动能分出一部分来供人类使用。

知识小链接

电　压

电压，也称作电势差或电位差，是衡量单位电荷在静电场中由于电势不同所产生的能量差的物理量。其大小等于单位 正电荷因受电场力作用从 A 点移动到 B 点所作的功，电压的方向规定为从高电位指向低电位的方向。

还有过一个利用中微子能量的设想。中微子是天体核反应中产生的一种中性的基本粒子，它的质量几乎为零，但却具有能量。从太空落到大地上的中微子流，按功率计，不亚于太阳能。由于中微子与物质的相互作用很微弱，因此中微子流可以自由地穿过云层，来到地球上供我们使用。但它同时也能轻而易举地穿透整个地球，重新进入太空，与我们失之交臂。因此，要利用它，必须想办法在中微子经过我们身旁时把它留住……

这些方案理论上无懈可击，这些能量客观上也都存在，但最终都没能付诸实施。原因在哪儿呢？原来，人类在利用能量时，对能源的品质有一定的要求。如果不符合这些要求，使用起来就不会那么得心应手，甚至会增添麻烦。

谁是接班人

从现代化生产的角度来看，一种理想的能源至少要符合四点要求。

首先，它应当是源源不断的，是能量的"源"泉。这类能源有两种：使用掉以后还会在短期内重新产生出来的能源，如风能、水能等，称为可再生的能源。可再生能源要及时利用，否则也会白白流失掉。还有一种在短期内不能再生出来，用一点少一点的能源，如煤炭、石油等，称为不可再生的能源。不可再生能源是古代动植物的残骸，经过亿万年的演变而逐渐形成的化石燃料。因为它们的储存量较大，所以才能源源不断地被开发出来供人类使用。

其次，能源应当是比较便宜的。也就是说当人们使用它时付出的代价是可以接受的。在古代社会里，利用能源的方式十分原始，要求也不高。人们用木柴来烧烤猎获的野兽，用动物的脂肪来照亮幽暗的洞穴，一起挤在冬天的阳光下取暖。利用这些自然形态的能源，在当时不需要花太高的代价。这些天然存在的、未经人类加

新疆风能塔

工的能源,如阳光、木柴、煤块等,统称为一次能源。然而到了今天,社会大生产的精细分工对能量的使用提出了各种特殊的要求,因此必须对一次能源进行改造,将它们转变成二次能源。我们日常生活和生产中使用的电能、汽油、焦炭、煤气等都属于经过加工的二次能源。二次能源还包括氢气、火药、乙炔、甲醇等等能贮存和放出能量的化学物质。除了加工外,还要对能源进行采集、运输、转化,并分配到各个使用能量的地方,这是一个庞大复杂的工程。一种能源是否能够在国民经济中得到发展,并站住脚根,归根到底,取决于建成这套工程所花的代价。

基础小知识

太阳能

太阳能,一般是指太阳光的辐射能量,在现代一般用作发电。自地球形成生物就主要以太阳提供的热和光生存,而自古人类也懂得以阳光晒干物件,并作为保存食物的方法,如制盐和晒咸鱼等。但在化石燃料减少下,太阳能应进一步发展。

符合上面两点要求的能源品种很多,煤、石油、太阳能、风能、核能都可以用。然而,基于当前工农业生产用能的特点,如今对能源还有第三个要求:能源的能量密度必须很大。由于生产用能的规模有了巨大的发展,金属冶炼、机械制造、农业生产、交通运输等部门,每天消耗着几百万千瓦的电能,只有高度密集的能源,才能满足工农业突飞猛进的发展需求。

按照第三点要求,所有一般的能源都要退居一旁,而把冠军让给裂变的原子。在能量密集方面,其他能源都是无法和核能竞争的。按照原子裂变的原理建造的核电站,它的单套机组的最大功率目前已达到150万千瓦,足以满足一座现代化城市的用电需要。

除了要求能源具有上述三点品质以外,对能源还有更为重要的一点要求:它不会给生态环境带来有害的影响。

近年来由于不重视生态保护,人类活动已在全球规模上造成一些严重的

YUANZINENG YU RENLEI SHENGHUO

后果。对热带雨林滥加采伐，破坏着大气中氧的平衡；非洲沙漠不断扩张，使它剩下的沃土有2/5将变成不毛之地；亚洲将有1/3、拉丁美洲将有1/5的地方步其后尘；大型火电站排出的废热使很多大河的水温猛增，影响了水生生物的生长；水电站的建造影响着鱼类的回游繁殖；泄漏到空气中的氟利昂正在破坏地球高空的臭氧层，使人类暴露在强烈的太阳辐射之中；污浊的大气威胁着人类的生存……

各种能源对生态环境造成的影响差别很大，一些常规的动力工程，如火电站、水电站等等，从生态学的角度来看是不够理想的，有的甚至就是污染环境的罪魁祸首。与它们形成鲜明对照，不断制造放射性物质的核动力，却是一种生态学上十分干净的新型能源。它在生态学上的优越性仅次于日趋匮乏的天然气。

根据以上四点要求对各种能源进行全面考查，现在越来越多的有识之士认识到，正是核能代表着动力事业发展的新方向，它能帮助我们克服种种危机，迎接人类文明社会面临的各种新挑战。

核能发电

盘点地球上的能源

470多年以前，伟大的航海家麦哲伦和他勇敢的水手们历尽千辛万苦，用了3年多时间，完成了第一次环球航行。当人们张大嘴巴，睁着惊诧的眼睛，听他们介绍美丽的异国风光、富饶的沿海岛屿、热带丛林中的冒险经历、惊涛骇浪里的生死搏斗时，大家开始感觉到我们的地球是多么的巨大，在它里面蕴藏着的资源无穷无尽，足以让子孙万代生生世世地享用下去。

然而，今天，当宇航员坐上宇宙飞船，只用一小时左右的时间，就绕地球一周时，大家心目中的地球已经明显地缩小了。人们不由自主地开始考虑：我们的地球究竟有多少资源可继续慷慨地供我们挥霍使用？又需要多少能量才能保证人类社会继续繁荣昌盛呢？

在我们这颗行星上，现在生活着近70亿男女老少。根据统计，我们每年消耗的能量约为0.27Q（Q是一个新的能量单位，1Q相当于燃烧360亿吨标准煤所释放的能量）。这个数字还将随着人口的增长和生活质量的改善而继续增长。

据估计，100年以后全世界的人口最终将稳定在120亿左右。那时，全球的能量需求将是多少个Q呢？

经过详细地分析，动力学家们认为，到了2100年，由于矿物资源日益减少，人们不得不转向开发品位较低的贫矿（品位是指矿物的含量），这样取得每吨原料所需的能耗将会显著地增加。为了养活众多的人口，人们将在土地上大量使用化学肥料以增加作物产量，还要大面积地实行人工灌溉，以开垦原来不适于耕作的荒地。这样一来，每吨粮食所需的能耗也将大幅度地提高。由于石油短缺，那时的交通工具得用新的燃料（很可能是氢气）来代替。生产氢气要比开采地下的石油复杂得多。更令人头痛的是，这时地球上的淡水资源也不够了。很多地区得像现在的海湾国家那样，消耗大量的能量来淡化海水。

此外，还有一个不容忽视的情况。我们每年开采出来的煤、石油、天然气，以及各式各样的矿产多达数百亿吨。经过利用和加工，最后只有1%~2%变成了制成品，其余都成为废物而进入了生物圈。为了防止我们美丽的地球变得污秽不堪，使人难以忍受，我们还要增加一大笔能量开支，用于对废物进行适当处理。

这样一算，到那时，要让120亿居民达到工业发达国家的

拓展思考

天然气发电

天然气发电是具有缓解能源紧缺、降低燃煤发电比例、减少环境污染的有效途径，且从经济效益看，天然气发电的单位装机容量所需投资少，建设工期短，上网电价较低，具有较强的竞争力。

现有水平，我们全球每年的能量需求大概为 7.2Q。

现在让我们回头来看一下地球的家底。我们可以把地球上不可再生的能源看作地球几亿年来的积蓄，把可再生的能源看作地球每年的收入。

我们已探明的不可再生能源的储量是十分有限的，总共只有 23.8Q。它已很难满足日益增长的能量需求。即使把地下埋藏的资源全部挖掘出来，总计也不超过 400Q，至多只能供人类节省地使用几百年。由于这些资源在其他工业领域（如化学工业）中也有重要用途，因此今天更必须综合平衡，节省使用。

可再生能源总计在一起，可得到一个相当可观的数字，约为 2Q/年。但实际使用中，除水能外，其他各种能源过于分散，经济上至今得不偿失，对解决大规模的能量需求起不了重大作用。

那些我们习惯使用的常规能源并不能满足子孙万代的需要。为了获得持久的能量供应，必须把立足点移到强大新能源的开发上来。现在最有希望的新能源有两个，即太阳能和核能。

核时代开始

1942 年费米建成的反应堆大约持续生产了半个小时的核能，它的功率只够点亮一盏小电灯泡。然而这一成就表明，人类已能够迫使原子核交出能量，并把释放的过程置于自己的控制之下。

可是，战争的需要注定这一辉煌的科学成就暂时不能用来为人类造福。就在费米建造第一座反应堆的同时，美国政府开始在洛斯—阿拉莫斯全力以赴地研究制造和引爆原子弹的技术。

1945 年 7 月 16 日凌晨 5 时 30 分，在洛斯—阿拉莫斯以南 320 千米的新墨西哥州的沙漠里，爆炸了第一颗原子弹。数量不多的裂变物质——铀发生了瞬时链式反应，释放出自古以来就隐藏在原子核内部深处的巨大能量。它的爆炸力相当于 20000 吨梯恩梯炸药。由于对爆炸的威力估计不足，科学家们呕心沥血研制出来的不少珍贵仪器都被震坏，学者们痛心不已。

科学家们曾以为，核能的释放，会给人类带来一个美好的时代，战争将被消灭，出现普遍的富裕，便宜的能量会帮助人类去实现各种大胆设想。但是只经过了几个星期，就发生了使所有人感到震惊的事情。

当时第二次世界大战马上就要结束，成败已定局。考虑到战后政治斗争的需要，美国政府决定使用原子弹。

1945年8月6日，在日本广岛上空，美国的B—29型轰炸机扔下了绰号为"小男孩"的铀弹，使这个城市60%的地区遭到破坏，日本当局估计有71000人死亡和失踪，68000人受伤。三天以后，这样的惨象

日本广岛悼念原子弹爆炸死难者

再次重演，在日本长崎上空爆炸了绰号为"胖子"的钚弹。由于崎岖不平的山谷起到了屏障作用，这座城市只被炸毁了44%。根据美国战略轰炸统计局估计，约有35000人死亡，60000人受伤。

善良的人们在广岛和长崎原子弹的爆炸声中跨入了原子时代。日本城市和无数居民在一瞬间毁灭的可怕情景，深深地印在人们的心中。核能的第一次实际应用，在全世界引起沉重的道义上的谴责。因此，以后核技术和核科学的发展，一直受到社会舆论的密切关注，有时甚至遭到充满成见的抵触。

超出预料

当人人都为原子内部蕴藏了巨大能量而感到震惊时，曾有记者问美国一

YUANZINENG YU RENLEI SHENGHUO

些权威的专家,什么时候可以把原子能用于和平?所有专家当时几乎都给出一个相同的数字:50年以后!但事实上,不到10年,在20世纪50年代中期,就有好几个国家建成了自己的核电站。

学者们的估计为什么与事实竟有如此巨大的偏差呢?

原来,当时美国的专家们根据核能在军事应用上的浩大开发费用推断,核电站要比火电站或水电站贵得多,因此在近期内对它不抱什么希望。

浙江秦山核电站

几十年过去了,事实与专家们的预计背道而驰。截止1992年6月底,世界上已有26个国家和地区拥有核电站,正在运行的核电机组已达413座,发电量总计为322642兆瓦,占世界总发电量的17%。与此同时,还有更多的核电站正在建造或订货之中。

核动力以如此巨大的规模,在全球范围内蓬勃发展决不是偶然的。今天,核电站无论在经济上,还是技术性能上,都已超过或接近常规火电站的水平。不仅能源短缺的国家迫切需要建造核电站,比较富裕的国家,如美国,为了减少对进口石油的依赖,节约使用现存的化石燃料,并减轻环境污染,都把核电的发展放在重要位置上。

我国首座重水堆核电站

在核能和平利用的道路上,反应堆专家们采用过不同的慢化剂、冷却剂、核燃料,以及结构上差别很大的设计方案,先后提出过20多种发电用的反应

核能发电

堆，其中大部分已被淘汰。到目前为止，有五种堆型在实际应用中显示出自己的优势，它们是：石墨水冷堆、石墨气冷堆、压水堆、沸水堆和重水堆。还有一种很有前途的新堆型——快中子堆。我国在核电起步的规划阶段，曾组织很多专家考察世界各国发展核动力的技术路线，借以确定我国核电站的优选堆型。

是燃烧，不是爆炸

核电站的工作原理与常规的火电站有很多相似之处，也有不少特殊的地方。

在常规的火电站中，主要设备是锅炉、汽轮机和发电机。当煤或燃油在锅炉的炉膛内熊熊燃烧时，加热炉膛周围的传热管，使在传热管内流动的水产生出高压蒸汽。蒸汽汇集后通过管道送往汽轮机。汽轮机是一种转动机械，它有一根装有很多级叶轮的主轴。当高压蒸汽喷到叶轮的叶片上时，叶轮就带动主轴，像风车似地高速转动。汽轮机主轴和发电机的主轴相连，使发电机转子跟着转动，在发电机定子内就会产生出电流。此后，依靠输电线就可将电能输送到需要它的任何地方去。在汽轮机内作功的蒸汽流过各级叶轮时，其压力和温度逐渐下降，成为废汽。

拓展阅读

核动力

核动力是利用可控核反应来获取能量，从而得到动力，热量和电能。因为核辐射问题和现在人类还只能控制核裂变，所以核能暂时未能得到大规模的利用。利用核反应来获取能量的原理是：当裂变材料（例如铀-235）在受人为控制的条件下发生核裂变时，核能就会以热的形式被释放出来，这些热量会被用来驱动蒸汽机。

把废汽再凝结成水，送回到锅炉的传热管内，重新产生新的蒸汽，完成汽——水的循环过程。

核电站和火电站的不同之处是：在核电站里，反应堆代替了锅炉，核燃料代替了煤和油。利用反应堆内核燃料裂变放出的热量来产生蒸汽，然后推动汽轮发电机组，发出强大的电力。因此，核电站的反应堆有时也称作"原子锅炉"。

用原子锅炉向汽轮机供汽有两种方式。一种是在反应堆内直接产生蒸汽送往汽轮机，蒸汽在汽轮机内作功后冷凝，收集的凝结水又送回反应堆，这种汽——水循环的方式几乎与火电站完全一样，比较简单。

另外一种方式是利用某种循环流动的冷却剂，将热量从反应堆内带出来，然后进入一个热交换器，将热量传递给第二个回路。这个热交换器叫做蒸汽发生器，在那里产生蒸汽，送往汽轮机。这种供汽方式显然要麻烦一些，因为多了一个换热设备。然而，核电站设计人员舍简就繁不是没有道理的，这是由核电站的特殊性决定的。因为当反应堆的冷却剂回路（又称一回路）和汽轮机的汽——水循环回路（又称二回路）之间，有传热面隔开而互不相通时，可以防止反应堆回路内的放射性进入汽轮机的汽——水系统。

尽管核电站采用不同类型的反应堆，但任何反应堆都有一些必不可少的组成部分。反应堆内最核心、最贵重的部分是堆芯，它是由核燃料、慢

蒸汽发生器

化剂、冷却剂和各种结构材料组成的。

现在普遍使用的核燃料是天然铀和低浓铀,做成金属块或陶瓷块的形式。它们在堆芯内"燃烧"时,既不冒烟,也不发火。重元素在受控情况下的裂变过程是静悄悄地进行的。当原子核大批大批地发生裂变时,裂变碎片的动能使燃料块本身开始强烈地发热,有点像通上大电流的电阻元件。这时就要依靠冷却剂及时地从堆芯导出热量。在现代的大功率动力反应堆的堆芯内,每单位体积释放的能量,要比火电站中锅炉炉膛内的容积热强度大好几百倍,因此必须精确地组织堆芯内冷却剂的流动,尽快地将热量带出来。

铀原子核分裂时并不严格对称,它以40多种不同的方式进行分裂。因此,直接由裂变而生成的新核素有80多种。它们中大部分具有放射性,会继续衰变而成为其他核素。如果把间接的衰变产物也计算在一起,裂变产物就多达200余种。

裂变产物衰变过程中要放出衰变能量,它在链式反应停止以后还会延续相当长的时间。在大型动力反应堆中,衰变热的数量很大。普通火电站停止运行时,只要停止供煤或供油,把火灭掉就可以;而核电站,则在反应停止以后,还要为它的剩余衰变热而进行认真操作,及时导出堆芯内不断产生的热量,以防止堆芯因温度上升而烧毁。这是核电站运行中与火电站大不相同的地方。

> **知识小链接**
>
> **汽轮机**
>
> 汽轮机是将蒸汽的能量转换成为机械功的旋转式动力机械。又称蒸汽透平。主要用作发电用的原动机,也可直接驱动各种泵、风机、压缩机和船舶螺旋桨等。还可以利用汽轮机的排汽或中间抽汽满足生产和生活上的供热需要。

为实现链式反应,在动力反应堆内采用的慢化剂、冷却剂、结构材料,都要尽量选用不吸收或很少吸收中子的材料。在堆芯的周围，包有一反射层，目的是把逃出堆芯的中子重新反射到堆芯内，以提高中子的利用率。反射层也是由很少吸收中子的材料组成的。

基础小知识

慢化剂

热中子堆内用于降低快中子能量的材料。对其主要要求是：慢化能力强，中子吸收弱，与冷却剂和燃料棒包壳以及其他结构材料的相容性好，热和辐照稳定性好等。

反应堆中另一必不可少的组成部分，是反应性控制机构，这套机构都用能强烈吸收中子的材料制成。工程师们将这两类性质截然不同的材料，巧妙地组合在一起，构成一个矛盾的统一体，这才实现了可控的链式裂变反应。我们已经知道，当一个中子击中铀核，使其裂变时会放出 2～3 个中子，这些中子再击中 2～3 个铀核时，会放出 4～9 个中子。这种几何级数的增长如果不加以控制，就变成了原子弹的爆炸过程。当然，在动力反应堆中，决不允许发生原子爆炸，因此在绝大多数情况下，要求把中子增殖系数 K 维持在 1 的数值上，只有当需要改变输出功率时，才允许 K 稍稍发生一些偏离。允许有多大的偏离呢？偏离后中子增长有多快呢？在这里我们又将看到核电站与火电站的根本差别之处。

在火电站的锅炉中，要提高蒸汽产量，只要多加燃料，并调节好燃料所需的空气量就可以了。而在核电站的"原子锅炉"中，必须调节的是中子的数量。

广角镜

核电站的发电原理

核电站以核反应堆来代替火电站的锅炉，以核燃料在核反应堆中发生特殊形式的"燃烧"产生热量，使核能转变成热能来加热水产生蒸汽。利用蒸汽通过管路进入汽轮机，推动汽轮发电机发电，使机械能转变成电能。一般说来，核电站的汽轮发电机及电器设备与普通火电站大同小异，其奥妙主要在于核反应堆。

核能发电

对调节中子数量，大家开始时不免有些担心。要知道，中子从产生开始，经过慢化和扩散，到引起裂变，所需的时间极短，它的平均寿命总共只有万分之一秒。这也就是说，在1秒钟内中子能繁殖1000次！就算 $K=1.001$，经过1秒钟，中子的数目也会猛增千百倍。反应堆的功率完全取决于堆芯内工作的中子数，因此功率也会猛增千百倍。要将 K 控制在小数点以后第三位，并在1秒钟内及时进行调整，这是一件多么不容易的事啊！如果不是物理学家对中子释放的特性事先作过透彻的研究，恐怕谁也不敢贸然去启动这样迅猛的反应。

使大家感到庆幸的是，经研究发现，中子并非全都是在裂变的瞬间产生的，而是有先有后。大部分中子在裂变后 10^{-14} 秒就放出来了，它们被称为瞬发中子；约占总数的 0.65% 是在裂变产物进行 β 衰变时产生的，这部分中子称为缓发中子，按它们缓发的时间，一般可划分为6组，各组平均寿命从0.33秒到80.6秒不等。把缓发中子也算在内，反应堆内中子的平均寿命增加了800余倍，也就是说功率增长的速度降低了800余倍。正是由于这个原因，工程师们才有较充裕的时间，能利用各种机构对中子的数目进行及时的调整。

然而应当注意，在任何情况下，必须使 K 不超过 1.0065。超过这个数值，单是瞬发中子的作用，就可使中子急剧增殖，这时反应堆所处的状态称为瞬发临界状态。当出现瞬发临界时，机械式的控制机构跟不上中子增殖的速度，反应堆功率就会失控。

为了防止功率变化过快，任何的反应堆中除了有正常运行中调整反应性的控制机构以外，还有一套十分精巧和灵敏的反应堆保护装置。当功率变化过快时，它会自动起作用，使核反应立即终止。

和平利用的开始

世界上第一座正式向居民提供电力的核电站，是苏联建造的。它是一座压力管式的石墨水冷反应堆,于 1954 年 6 月 27 日在莫斯科近郊奥勃宁斯克镇投入运行。它的热功率为 3 万千瓦,电功率为 5000 千瓦,发电效率只有 16.6%,在经济上与常规火电站相比差得很远。但它是人类把核能用于和平目的的第一个成功例子。

这个核电站用石墨作慢化剂。石墨是碳的一种六角形片状结晶。

核电站内剖示意图

大家熟悉的铅笔芯,就是用它加上黏土制成的。天然石墨中含有很多杂质,不能用于核工业。核反应堆中使用的石墨慢化剂是人工制造的,它用石油焦或煤沥青焦作为原料,经过焙烧、提纯等多道工序,以保证它具有良好的慢化性能,并且很少吸收中子。这种高纯度的石墨,被切割成对角线为 137 毫米的正六角形柱块,堆砌在一起,形成一个直径为 3 米,高度为 4.5 米的石墨砌体。这个砌体的中心部分为堆芯,堆芯的直径为 1.5 米,高度与人的身高差不多,为 1.7 米。

这座反应堆的核燃料,是外包不锈钢的低浓铀,它套在直径很小的冷却管外面,四根冷却管组成一根工艺管,垂直地插在石墨堆芯的孔道内。整个堆芯一共

拓展阅读

关于列宁格勒

圣彼得堡旧称。列宁格勒和彼得格勒位于俄罗斯西北部,波罗的海沿岸,是列宁格勒州的首府,也是仅次于莫斯科的俄罗斯第二大城市。圣彼得堡在世界所有国际大城市中的综合竞争力、影响力与哈萨克斯坦城市阿拉木图并列全球第 100 位。

插有128根工艺管，另外还插有22根控制棒。为了防止石墨氧化，用碳钢的外壳将石墨砌体密封起来，中间充有氦气。

这第一座核电站建成以后，专家们便用它作为试验基地，开展大量的研究工作。稳定运行了一段时间以后，核动力专家和电站运行人员紧密配合，大胆而沉着地使工艺冷却管内的冷却剂一根接一根地发生了沸腾，为实现大功率石墨沸水堆开辟了光辉的前景。

20世纪60年代，苏联在别洛雅斯克又建成了两座压力管式石墨水冷反应堆，工艺管的数目从128根增加到998根。每根工艺管内的冷却管燃料元件，也从原来的4根增加到6根，而且让冷却水在堆内沸腾，产生的蒸汽在堆内过热。使供汽的温度和压力，完全能与常规火电站中使用的高压汽轮机相匹配。每台反应堆带两台汽轮发电机组，发电能力达到20万千瓦。

20世纪70年代，苏联在列宁格勒建造了百万千瓦级的大功率石墨沸水堆。这种反应堆堆芯的直径为11.8米，高为7米，由2488根石墨方柱构成，其中布置1693根带燃料元件的工艺管，功率达到了100万千瓦。它可以在不停堆的情况下，更换工艺管和与其组合在一起的核燃料，因此，大大提高了核电站有效利用的时间。这种核电站，成为苏联发展核电的基本堆型之一，此后，在全苏各地陆续建成了15套这样的核电装置。

专家们还打算建造更加巨型的石墨沸水堆PEN。随着反应堆尺寸的增大，结构上也将作相应的改变。整个堆芯分成很多块，每块又分成好几段。这种小的组件可以在工厂里进行预制，然后以标准化构件的形式，通过铁路运输到现场，进行组合安装。当反应堆体积十分庞大时，表面积对中子逃逸的影响就显得不那么重要了。因此，将用方

你知道吗

镁合金

镁合金是以镁为基础加入其他元素组成的合金。其特点是：密度小（1.8g/cm3镁合金左右），比强度高，弹性模量大，散热好，消震性好，承受冲击载荷能力比铝合金大，耐有机物和碱的腐蚀性能好。

形的堆芯来代替传统的圆柱形堆芯。这时，只要不断增加预制块的数目，就可不受限制地增大反应堆的功率。沿着这条技术路线发展核电，在单堆功率方面，可有较大把握创造出"世界之最"来。

然而，这种反应堆也有一些缺点。由于每根工艺管都是一个单独的核能传输单元，因此都要单独地监测和控制其运行情况，包括温度、流量、放射性剂量等等，这就使得仪表成群，信号成片，管道系统十分庞大，电站的造价便提高了。只有当功率超过 100 万千瓦，可以大量采用标准化设计和工厂组装技术时，才能使电站的建造成本降低。

高温气冷堆

20 世纪 50 年代初期，能源恐慌的情绪曾像大雾一般笼罩着英伦三岛。由于煤炭资源迅速消耗，石油资源短缺，迫使英国的工业领导人急于寻找一种新的动力资源。当时英国科学家根据他们在美国参加工作的经验，设计了一种石墨气冷反应堆。1956 年 12 月，英国第一座核电站投入运行。

这种第一代气冷堆采用石墨作慢化剂，二氧化碳作冷却剂，金属天然铀作核燃料，镁合金（镁铝铍）做结构材料。

由于气体的传热能力比水差，开始时，每立方米的堆芯发出的功率只有 0.55 兆瓦，二氧化碳的出口温度只有 345℃，电站的热效率为 19.1%。这种反应堆的尺寸比较大，堆芯直

广角镜

陶瓷的历史

在中国，制陶技艺的产生可追溯到纪元前 4500 年至前 2500 年的时代，可以说，中华民族发展史中的一个重要组成部分是陶瓷发展史，中国人在科学技术上的成果以及对美的追求与塑造，在许多方面都是通过陶瓷制作来体现的，并形成各时代非常典型的技术与艺术特征。

径为15米,高度为10米,而且要使二氧化碳循环流动,从堆芯带出能量,要花很大的功率。为了节省自身的消耗,后来把二氧化碳的工作压力由开始的8个大气压提高到20个大气压,这时堆芯的功率密度增加到0.8兆瓦/立方米,二氧化碳的出口温度也被提高到400℃,电站的热效率也相应地上升到30%左右。

然而,想再进一步提高技术性能,却遭到了无法逾越的困难。因为金属铀和镁合金不能承受更高的温度。由于投资大,成本高,因此不得不在70年代予以放弃。

英国设计的第二代气冷堆,称为改进型气冷堆。它采用二氧化铀代替金属铀。二氧化铀是一种类似陶瓷的材料,耐温性能大大高于金属铀。堆芯的结构材料也改用不锈钢。不锈钢与镁合金相比,会吸收掉一些中子,因此采用低浓铀代替原来的天然铀,来补偿中子的损失。这种新的组合允许堆芯出口温度提高到670℃左右,可以产生高温高压的蒸汽,并与标准的汽轮发电机组相匹配,使电站的热效率提高到了40%,单堆功率达到60万千瓦。改进型气冷堆的石墨砌体,包在一个混凝土的压力壳内,使二氧化碳的工作压力达到40个大气压,堆芯功率密度增加到2.8兆瓦/立方米,比第一代气冷堆高出了两倍以上。

气冷堆的另一个优点是气体冷却剂可以被加热到较高的温度。气体的出口温度增高,则电站的热效率也相应提高。在改进型气冷堆中,若进一步提高气体出口温度,二氧化碳就开始与不锈钢发生化学作用。因此要继续向高温挺进,必须换用更为稳定的冷却剂和堆芯材料。

当时有好几个国家正致力于高温气冷堆的研究工作。在这种反应堆中,他们选用不和任何元素发生化学反应的惰性气体——氦气作为冷却剂。对核燃料的组成也进行了根本性的改革,采用一种全陶瓷型的热解碳涂敷颗粒,作为燃料元件的基本单元。这种颗粒和小米差不多大小。它的核心是直径为200~800微米的二氧化铀和氧化钍陶瓷材料,外面涂敷几层热解碳和碳化硅。涂敷层的厚度约为150~200微米,它可以在1000℃以上的高温下运行而保持其完整性。

将涂敷颗粒分散在石墨基体中，压制成燃料密实体，再将密实体装入由石墨制成的柱状（或球状）外壳之中，就成为燃料元件。

在英国和美国研制的高温气冷堆中，采用柱状的燃料元件。把几百个柱状元件布置在一起组成堆芯。燃料中的石墨既是慢化剂，又是结构材料。冷却用的氦气则通过燃料元件中的孔道，将热量带出堆芯。除了冷却剂和燃料元件不同以外，这种反应堆在形式上还保留着前两代气冷堆的基本特点。德国研究的高温气冷堆则另辟蹊径，它采用球状的燃料元件。这种元件的外径大约为6厘米，与有些居民家里做饭用的煤球差不多大小。有趣的是，它们的燃料方式也和煤球炉十分相似。在这种反应堆中，新燃料球由堆顶装入，烧过的球由堆底的排球管排出。成千上万个燃料球，随机松散地堆积在圆柱形的石墨腔内，并达到临界体积，发生裂变反应。这种气冷堆又称作球床反应堆。当然，实际上球床反应堆和家用煤球炉还是有不少差别的。球床反应堆燃料不需要空气。氦气作为冷却剂从反应堆的上部引入，通过球床吸收热量后，从底部引出，与煤球炉中气流的方向恰恰相反。

高温气冷堆出口的氦气，温度可高达950℃~1100℃。用来发电的话，可使电站的热效率提高到40%以上。除此之外，它还可以进行高温供热，用来冶炼钢铁，精炼石油，生产氨和甲醇，进行煤的气化以及用热化学裂解水的方法生产干净的二次能源——氢。这种高温功能是任何其他类型反应堆所望尘莫及的。

在高温气冷堆的堆芯中，除了核燃料和很少吸收中子的石墨以外，没有其他结构材料，因此，中子利用的程度很高，可以在核燃料中以氧化钍的形式加入部分钍-232，让它吸收中子而转换成新的可裂变燃料铀-233，从而扩大核燃料的资源。

由于高温气冷堆采用了一系列独特的工艺，相应地提出了很多需要解决的技术问题。就拿氦气冷却剂来说吧，它在化学上是惰性的，在几千度高温下也不会和其他物质发生反应，因此能与各种材料配合使用。然而这一特点竟然也带来新的麻烦。在驱使氦气不断循环流过堆芯的氦气压缩机中，由于转动部件在充满氦气环境下工作，金属表面不能生成氧化膜保护层，因此转动很容易发生磨损。

高温石墨气冷堆目前还没能作为成熟的堆型，在核能发电中广泛采用。但随着技术水平的提高，它极有可能成为最为先进的动力反应堆之一。

压水堆

在核能发电中有一种已被广泛使用的动力反应堆——压水堆。这种反应堆也是我国核电发展规划中已经选定的主要堆型。我国已建成的秦山核电站，还有刚建成的大亚湾核电站以及正在设计中的其他核电站，都是用这种反应堆来发电的。压水堆的发展要追溯到第二次世界大战期间。当时，美国海军就曾想利用反应堆作为动力，来建造核潜艇。

战争结束后不久，美国海军部派出一个技术小组，去橡树岭实验室学习反应堆技术，带队的是一名上校，名叫里科维。回来后，他被任命为海军舰船局核动力处的领导人，兼原子能委员会下属海军反应堆处的处长。他以非凡的勇气和大胆的部署，进行了卓有成效的组织工作。1954年底建成了美国第一艘核潜艇"舡鱼"号，从而揭开了海军发展史中极为重要的一页。

在"舡鱼"号核潜艇中，利用压水堆作为动力源，它既安全，又可靠。由于核动力工作时不需要氧气，因此潜艇可以长时间潜航，穿过北极辽阔的冰层，进行环球航行。

1953年，美国决定建造大型核动力装置，原子能委员会把这个任务交给了里科维少将，并由西屋电气公司负责反应堆装置的建造。

1954年9月6日，压水堆核电站在宾夕法尼亚州的希平港正式破土。经过大量的考核，1957年12月2日，希平港反应堆首次达到临界。经过16天，能量源源不断地送出。

希平港核电站的主要用途，是研究压水堆的工艺。在这第一代装置中，实际上已体现出压水堆的所有基本特点。它用加压的普通水作为冷却剂、慢化剂和反射层。整个堆芯放置在一个钢制的厚壁容器内，它能承受很高的压力，足以保证冷却剂在堆内不发生沸腾现象。

> **知识小链接**
>
> **宾夕法尼亚州**
>
> 宾夕法尼亚州是美国东部的一个州，为立国13州之一。宾夕法尼亚州西北临伊利湖，北和东北接纽约州，东界新泽西州，东南临特拉华州，南连马里兰州，西南为西弗吉尼亚州，西与俄亥俄州接壤。

通过改进燃料组件，压水堆逐步实现了更新换代。压水堆燃料组件的改进过程是这样的：从以不锈钢为包壳的核燃料棒，发展成高功率的以锆合金为包壳的燃料棒束组件；取消了燃料盒而改用定位架，以增强冷却剂的导热效果；用控制棒束代替十字形断面的控制棒，并采用液态中子吸收剂——含硼水。随着反应堆功率的增大，还减小了燃料棒的直径，改进了燃料元件的制造工艺。这些改进措施，使压水堆堆芯的平均功率密度从58千瓦/升提高到100千瓦/升。这些数字说明，在压水堆中每单位体积的堆芯所放出的核能，要比石墨气冷堆高出40倍左右。由此可以想到，压水堆是一种多么紧凑的反应堆装置。也正是由于这个原因，使它能被用在空间极为紧凑的核潜艇内。目前典型的压水堆核燃料，是由低浓度的二氧化铀芯块制成的。圆柱形芯块的尺寸，相当于一节手指的大小。它们挨个放在壁厚约为0.6毫米的锆合金管子内，然后密封起来，组成一根长为3~4米的燃料棒。锆合金管用来防止燃料与冷却剂发生相互作用，同时把产生的放射性裂变产物保存在锆管内部。锆本身是一种极为优秀的堆芯结构材料，因为它几乎不吸收中子。用定位架将约200根燃料棒，按正方形的栅距排列起来，组装成15×15或17×17的棒束，称为燃料组件。将上百个燃料组件安装在一起，组成一个近似圆柱形的堆芯。把它架在钢制的厚壁容器的中央，就是一个压水堆。冷却剂自下而上流过堆芯，带出裂变的能量。

由银—铟—镉制成的控制棒，通过容器的顶盖插入燃料组件之中。改变控制棒插入堆芯的深度，就可调节中子的数量，从而控制反应堆的功率。

在燃料组件不断改进的同时，压水堆核电站的系统和设备也逐渐完善，并进入了标准化的阶段。目前最大的压水堆核电站，其单堆发电能力已达130万千瓦。它以反应堆为中心，有四个环路，每个环路有一台蒸汽发生器和一台立式的主循环泵。高压下的水由主泵驱动，经过堆芯吸取热量，然后沿着环路进入蒸汽发生器，在那里放出热量，以后又流回主泵的入口。冷却剂不断地循环流动，完成输送热量的任务。在蒸汽发生器内，二回路的水接受热量后变成蒸汽，进入汽轮发电机组作功发电。

> **基础小知识**
>
> **硼　水**
>
> 医疗热矿水的一种。按国家医疗热矿水的水质标准，水中偏硼酸具有医疗价值的浓度及矿水浓度分别为1.2毫克/升和5.0毫克/升；命名为硼水的矿水浓度是在50毫克/升以上。欧洲地区饮用天然矿泉水标准，水中偏硼酸的界限指标为5毫克/升以上。

压水堆中的冷却剂、慢化剂和反射层都利用普通水。这不仅是因为普通水价廉易得，还因为它在常规的火电技术中已利用了200多年，人们对它已积累了丰富的操作经验，研制了能在高温高压汽水条件下使用的各种材料和设备。压水堆实际上最大程度地沿用了常规的发电技术，因此既经济、又可靠。目前已建成的核电站，一半以上都是压水堆核电站。将来，这个比例很可能会继续增长。

从长期运行的角度来看，压水堆核电站也有一个薄弱环节，那就是蒸汽发生器。它的传热管壁厚不到1.5毫米，却担负着将放射性的一回路冷却剂，与非放射性的二回路汽水介质相隔绝的重任。在长年累月的热交换过程中，这些管子是否能够不受腐蚀而保持严密，仍然是一个令人担心的问题。已有一些蒸汽发生器发生了泄漏，电站不得不停下来对它进行修理和更换。很多材料工程师和水化学专家，正在从管子材料和水的品质两个方面进行努力，希望尽量延长传热管的使用寿命。

有些核动力专家提出一种更为痛快的办法，那就是干脆取消蒸汽发生器，把反应堆的运行压力降低一些，让流过堆芯的水沸腾起来，直接产生蒸汽，这种带有一些放射性的蒸汽，同样可以送往汽轮发电机组作功发电。这就是下面要介绍的另一种主要核电站——沸水堆核电站的特点。

沸水堆

从反应堆内部的过程来看，沸水堆最大的特点就是在堆芯内出现了蒸汽。这些夹在水流中的小汽泡，对链式核反应究竟会产生什么影响呢？这是首先必须解决的问题。

沸水堆与压水堆相似，也用普通水作为冷却剂和慢化剂。当堆芯中一部分水被汽泡所代替时，堆芯内的慢化剂减少了，因此会使反应性有所下降。然而另一方面，普通水在堆芯内会吸收掉一些中子。当它被汽泡排挤出堆芯时，中子的损失减少了，因此又可使反应性有所提高。汽泡对反应性的这种正负两方面的影响，叫做"空泡效应"。在沸水堆的设计中，要尽量使空泡效应为负值，即当堆芯内含汽量增多时反应性下降，使功率的增长能自动地受到抑制。这种"自稳"的能力，可以增加反应堆运行的安全性。

堆芯内的大量汽泡不仅产生空泡效应，它们还处于不断的变化和运动之中。汽泡在堆芯内不断地产生出来，并与水一起流动，这个过程是非常复杂的。人们曾担心，混乱的沸腾过程和汽水流动中的不稳定现象，会不会造成反应堆失控？

经过对汽水流动的深入研究,专家们发现汽泡并不像原来想象的那样不可捉摸,对它们的运动规律可进行定量计算,从而能防止汽水流动进入不稳定的状态。因此,可以允许堆芯内出现沸腾现象,沸水堆的运行是可靠的。

最早致力于沸水堆研究工作的是美国通用电气公司。1957年10月24日,第一座沸水堆核电站——瓦莱雪脱斯核电站,在美国加利福尼亚州投入运行。其发电功率为5000千瓦。它实际上是一个试验装置,为建造大型的沸水堆核电站提供经验。

1960年8月,在芝加哥西南80千米处建成了当时世界上功率最大的核电站——德累斯顿沸水堆核电站,其电功率为18万千瓦。它以十分优异的运行记录,不仅确立了这种堆型在核电事业中的地位,而且立即吸引了国外市场。一时之间,意大利、联邦德国、荷兰、印度、日本、西班牙、瑞士、瑞典等国家纷纷提出订货,沸水堆一时名声大振,红得发紫,并迅速地向更大的功率挺进。1969年,牡蛎湾核电站的功率达67万千瓦;1973年,勃朗斯·费莱核电站的功率已达106.5万千瓦,与当今大型压水堆的单堆功率不相上下。

沸水堆由包容堆芯的钢制容器及与其相连的许多辅助系统所组成。水由下向上通过堆芯,然后在堆芯外围与钢容器内壁间的环形腔内下降,不断地进行再循环。堆芯中产生的蒸汽,与再循环水分离后,在容器顶部进行干燥,那里设有高效率的

趣味点击 关于印度的首都

印度首都新德里,位于该国西北部,坐落在恒河支流朱木拿河(又译:亚穆纳河)西岸。新德里和德里中间隔着一座德里门,并以著名的拉姆利拉广场为界,广场以南为新德里,广场以北为老德里。如今新德里是印度的政治、经济、文化中心,也是重要的交通枢纽,占地1485平方公里。新德里是印度的心脏,在这里可以感受到整个国家运行的脉搏。老德里、新德里紧紧相联,古老与现代交相辉映,组成了一幅引人入胜的历史画卷。

汽水分离装置。在环形腔内，还设置有好多个喷射器，它们的作用是提高冷却剂再循环的能力。喷射器的动力来自两台离心泵，它们从容器中吸取三分之一的堆芯流量，然后以更高的压力使它流过喷射器的喷嘴。喷嘴出口的高速水流带动环腔内的水流，一起进入堆芯进行再循环。现代沸水堆的核燃料，采用低浓二氧化铀，铀-235的浓度约为2%。燃料在高温高压下烧结成芯块，芯块放在锆合金管内组成燃料棒。很多根燃料棒按 6×6、7×7 或 8×8 排列成正方形的燃料组件。很多个燃料组件放在一起成为堆芯。这种构造和压水堆有很多相似之处，所不同的是沸水堆燃料元件之间的间距较大，可使汽水混合物流动畅通。

沸水堆的控制棒用碳化硼制成，具有十字形的断面。由于反应堆顶部已被汽水分离装置占有，因此，十字形断面的控制棒，都由容器的底部自下而上，插到四个燃料组件之间的间隙中，这也是区分压水堆和沸水堆的标志之一。调整插入的深度，即可控制堆芯的反应性，从而调整反应堆的功率。除了利用控制棒以外，沸水堆还可依靠改变堆芯内冷却剂的流动速度来控制反应性。流动速度的变化，可引起堆芯含汽量的变化，用这种方法可使反应堆的运行功率改变25%左右。

沸水堆运行时的最大特点，是蒸汽中含有放射性。当冷却剂流过堆芯时，水分子中的元素氧-16，吸收中子后会放出质子而转变成氮-16。氮-16的半衰期只有7.35秒，在衰变时放出高能的γ射线，因此具有很强的放射性。这个现象在压水堆核电站中也存在，但氮-16只限于在一回路内循环流动。而在沸水堆核电站中，它随着蒸汽进入汽轮机装置的汽水回路，得采取措施把汽水回路屏蔽起来，还要对所有可能从汽水系统排出的蒸汽，加以凝结和回收。

目前已运行的核电站中，沸水堆的数量仅次于压水堆，占第二位。它在热效率、单堆功率、运行的安全可靠性方面，都与压水堆不相上下。在各种堆型的剧烈竞争中，它显然是向压水堆冠军地位挑战的最强劲的对手。

重水堆

加拿大从1952年开始，花了一二十年时间，独树一帜地发展了一种别具特色的新堆型——重水堆。这种反应堆利用重水作为慢化剂和冷却剂，并采用天然铀作为核燃料。

重水是从天然水中分离出来的，它是重氢（即氘）和氧的化合物。其比重为1.1，在101.4℃时才沸腾，在3.8℃下就开始结冰，在天然水中的含量约为0.02%。虽然任何动物和植物都不能依靠重水生存，但它却是一种极佳的慢化剂。和普通水相比，它的优越之处在于，它几乎不吸收中子。因此，反应堆可以依靠天然铀中0.7%的铀–235而达到临界。发展重水堆可以摒弃费用浩大的铀浓缩工厂。但是用同位素分离技术把重水从普通水中分离出来，同样要耗费巨大的代价。尤其在发展的初期，重水的价格非常昂贵，几乎和黄金一样。

加拿大发展重水堆经历了三个阶段。1962年建成的第一座试验堆，输出从电功率不到2500千瓦到在试验堆的基础上，1968年，在道格拉斯角建成第二座重水堆核电站，输出电功率增大到20万千瓦。然而由于宝贵的重水发生大量的泄漏，又得不到补充，使电站几乎陷于停顿状态。在这种情况下，重水堆声誉一落千丈。但专家们没有轻易地放弃这种堆型的开发。为解决重水泄漏，他们尽量减少系统中使用的阀门数目，改善设备的密封

重水反应堆

性能和焊接技术，同时还建成了第一座大型重水工厂，来保证重水的供应。

1973年，在加拿大又建成了皮克灵商用核电站。这个电站有四座重水堆，每座输出的电功率为50万千瓦。其中第四座堆从首次临界到满功率，仅用了12天的时间，创造了各类动力堆运行的最佳记录。由于这种反应堆可以不必停堆而进行装卸核燃料的操作，设备的利用率远远超过其他类型的反应堆。1981年，全世界利用率最高的10座反应堆中，重水堆就占了6座。重水堆核电站的优良性能和运行成绩，使它在世界核电市场上站稳了脚根。加拿大重水堆采用压力管式的结构，并大量地采用标准零件，增加压力管的数目就可增加单堆的功率。与苏联压力管式石墨堆的区别是，重水堆的压力管是水平布置的，燃料的装卸也在水平方向进行。在堆的前后装有换料机构，新燃料从一头送进去，用过的燃料从另一头进行回收。因此可以在运行中进行燃料的更换。

反应堆的容器是一个圆柱形卧式贮箱，其中装有冷的重水。这些重水类似于石墨堆中的石墨砌体，起慢化中子的作用。在必要的情况下，这些冷重水可以迅速地靠重力排空，使链式裂变反应由于缺少慢中子而立即停止。在压力管内循环流动着热的重水，由主循环泵驱动，从堆芯带出热量，送往蒸汽发生器。因此，重水堆的热能传送和转化成电能的过程，和压水堆是相同的。

重水堆最吸引人的地方，是能够非常有效地利用核燃料。由于重水吸收中子比普通水少600倍，因此它可以用天然铀作燃料来达到临界。燃料在堆内被利用以后，其中铀-235的浓度可以从原来的0.72%一直降到0.13%。这个数字比铀浓缩工厂尾料中的铀-235浓度还要低得多。因此，利用重水堆可以从所开采的铀中榨取到最多的能量。当生产同样多的电能时，重水堆所消耗的天然铀大致相当于轻水堆的70%。

此外，由于采用了不停堆装卸燃料的自动化机械，它可以及时回收由铀-238吸收中子而转换来的钚-239。在消耗同样天然铀的情况下，重水堆的产钚量为压水堆的2~2.5倍，这对能源的开发和利用很有意义。

重水堆对具有一定工业基础，想利用本国铀资源，但又没有铀浓缩能力的国家来说比较合适。

原子能与人类生活 核能发电　YUANZINENG YU RENLEI SHENGHUO

安全壳

远眺核电站的时候，首先看到的是高大的厂房和矗入云天的烟囱。火电站的烟囱，昼夜不停地冒着银灰色烟龙。但是，核电站的烟囱却从不冒烟，它实际上是一条巨大的通风道，排出的是肉眼看不见的废气。

秦山核电站二期工程1号反应堆安全壳封顶的施工现场

核电站是利用原子核裂变反应放出的核能来发电的发电厂，它通常由一回路系统和二回路系统两大部分组成。核电站的核心是反应堆。反应堆工作时放出的核能，主要是以热能的形式，由一回路系统的冷却剂带出，用以产生蒸汽。因此，整个一回路系统被称为"核蒸汽供应系统"，也称为核岛，它相当于常规火电厂的锅炉系统，但工艺技术复杂得多。为了确保安全，整个一回路系统装在一个被称为安全壳的密闭厂房内，这样，无论在正常运行或发生事故时都不会影响环境安全。由蒸汽驱动汽轮发电机组进行发电的二回路系统，与常规火

你知道吗

原子核裂变

原子核裂变是指一个重原子核分裂成为两个质量为同一量级的碎块，并释放出能量的现象。原子核裂变具有两种模式，一种是由重原子核自发地裂变，并释放出能量。另一种是在中子的作用下而引发的核裂变，这种原子核裂变方式，是人类迄今为止大量释放原子能的主要方式。

电厂的汽轮发电机系统基本相同，也称为常规岛。

核电站常常靠山傍水，四周绿树成荫，风景如画。如果你走进核电站厂门，会感到环境清静而幽雅。这里既没有尘土灰渣的飞扬或小山般的煤堆，也没有庞大的油罐。外面没有刺耳的噪声。可在机房里，巨大的汽轮发电机却在飞转，强大的电流正源源不断送往四面八方。

在核电站的中央控制室，正面墙上布满了各式各样的仪表，指示灯闪闪发光，操纵员通过电脑遥控着核电站，使之安全稳定地运行。

核电站是怎样发电的呢？简而言之，它以核反应堆来代替火电站的锅炉，以核燃料在核反应堆中发生特殊形式的"燃烧"产生热量，加热水使之变成蒸汽。蒸汽通过管路进入汽轮机，推动汽轮发电机发电。一般说来，核电站的汽轮发电机及电器设备与普通火电站大同小异，其关键设备在于反应堆。

普通的房子都有窗户，这是人所共知的，那不是为了装饰，而是为了实际需要。窗户的作用不外乎两个：一是采光，二是通风。设想房子要是没有窗户，岂不是又暗又闷，人怎么能在里面工作和生活呢？

有的工业建筑物，像进行精细操作的电子工业的车间，为了防止从房子外面的空气中带进来灰尘，影响产品质量，也为了保持室内一定的恒温要求，是靠人工调节系统进行换气并调节空气的温度、湿度的。即使像这种工业建筑，也还是开有很大的窗户，只不过这窗

老虎的历史起源

老虎到底它是怎么起源的呢？大概是在五百万年左右以前出现的。一般认为老虎是起源于亚洲的东部，尤其是我国境内。在我们国家境内，它早于豹属的其它成员如狮子或豹子，首先大约在两百万年左右以前分化出来。我们国家的华南虎是我们国家特有的，被认为可能是所有老虎的祖先，是一个原始的类群。老虎现在分为九个亚种，不幸的是其中有三个亚种灭绝了。

户是密闭的，只用于采光，不靠它通风罢了。因为到现在为止，无论用哪一种灯光照明，总没有太阳的光亮那样使人感到舒适自然。

核电站里安装着原子反应堆的厂房，因要求特殊，不能有窗户。提起反应堆，人们会想到放射性是很可怕的东西。其实，对于危险物品，最好的办法是隔离。老虎要吃人，把它关进笼子里，就谁都不必害怕了，还可以放到动物园去任人观赏。核电站里的危险物质就是核燃料，它是一种有放射性的物质，特别是在使用过以后，放射性更为强烈。核燃料是被密闭在称之为燃料元件包壳的金属管内的。只要管子不破，放射性物质就不会漏到外面来，这是第一道防线。燃料元件放在反应堆的容器内，反应堆容器是密闭的。一切相联的管道及其他各种容器也都是密闭的。这是第二道防线。整个的反应堆设备都安装在一座密闭的建筑物内，这是一座没有窗户的房子，万一放射性物质冲破一道和二道防线外溢，这座没有窗户的房子就是最后的防线。

核电站的反应堆是一个庞然大物，容纳这样一个东西的房子必然也很大，而且必须十分坚固。设想反应堆如发生严重的事故，比如说发生了爆炸，这最后一道防线也决不能受到损坏。它就像一个钟罩似的，把一切危险物质或危险气体都罩在里面，不会散发到外面去。

什么结构的建筑式样最坚固呢？是球形建筑。球形的东西，如果里面产生压力，那么它所受的力是很均匀的。而且，球体和其他几何形状比起来，在最小的表面积之下，有着最大的容积。这就是说照这个样子建成的房子，里面可以容纳最多的设备，而所用的建筑材料最少，也最坚固。

核电站反应堆厂房就是按照这个原理来设计的。由于它的主要目的是防止核电站在运行、停堆和事故期间因失去控制而将放射性物质排放到周围环境中去，因而这个没有窗户的房子就专门叫做"安全壳"。

20世纪50年代的"安全壳"，为了达到密封和坚固的目的，是做成球形的。这是一个很大的球，直径大到二三十米，是用厚达50毫米的钢板压成弧形，一块块地拼焊起来的。这要求有很高的焊接技术，才能保证密封得很好。

这种巨大的圆球，构成了核电站特有的宏伟景观。

造一个这样大的球形钢壳，要用几百万吨钢材。钢材用得多还在其次，主要的困难在于焊接工艺不易达到要求。几千块钢板，几万米焊缝，要做到一丝气体不漏，实在很困难。而且还要防止焊接中钢板变形。既然安全壳是一种工业建筑，为什么不能用钢筋混凝土来造呢？于是，进入20世纪60年代，人们就为核电站建成了用钢筋混凝土作材料的安全壳，里面敷上钢衬里。式样也从球形演变为圆柱形上接一个半球形的盖，因为这样便于浇灌水泥。钢筋混凝土厚达一米，用来承受压力，而钢衬里只用来保持密封，这样，钢板可以用得很薄，焊接时就比较容易达到气密的要求。有时候由于要求更可靠的气密性，在钢衬里和混凝土壳之间留一层1米多厚的空气隙，空气隙内的气压比周围环境的大气压低一些，如果钢壳发生泄漏，有放射性的气体就漏入这空隙中，因为这层空气空隙的气压低，所以泄漏到它里面去的有放射性气体绝不会再透过混凝土壳的裂缝漏到外面去，只能是外面的大气漏入空隙中。漏入空隙中的有害气体便可吸入专门的处理设备中加以处理，以除去有害的成分。

为了使混凝土安全壳更加坚固，现在大部分新建的核电站都采用预应力混凝土安全壳。它的原理很像紧箍木桶的铁箍的妙用。在混凝土里嵌进许多纵横交错的钢丝绳，用巨大的螺旋机构将钢丝绳拉紧。这样的安全壳十分可靠。每一股钢丝绳都可以安装测力的仪器，随时检查拉紧的情况，如果有哪一根松了，便及时重新拧紧，用这么多钢丝绳捆紧的混凝土壳，不可能一下子崩开。要是损坏的话，总是先裂一条小缝，钢丝绳的弹力就会把这条小缝挤合。这样的建筑物，固然没有窗户，但门还是有的，不过这门也是密封的，而且还十分坚固。

这样的安全壳，在设计的时候已经考虑到，即便壳内的反应堆本身发生重大的事故，它也不会损坏。那么它对外面的"飞来横祸"是不是有足够的防御能力呢？作为安全考虑，应当把所有的可能性都估计到。

知识小链接

钢 筋

钢筋是指钢筋混凝土用和预应力钢筋混凝土用钢材,其横截面为圆形,有时为带有圆角的方形。包括光圆钢筋、带肋钢筋、扭转钢筋。钢筋混凝土用钢筋是指钢筋混凝土配筋用的直条或盘条状钢材,其外形分为光圆钢筋和变形钢筋两种,交货状态为直条和盘圆两种。

安全壳旁边就是汽轮发电机厂房,这是一栋没有防护的厂房,如果汽轮发电机正在高速运转,忽然,旋转着的叶轮碎裂了,裂成了几个碎片,它们冲破屋顶打在安全壳上,结果会怎么样呢?最好是做一个实验。做一块厚长1.4米、面积为6×6平方米的钢筋混凝土板,它同实际核电站的反应堆安全壳的混凝土壁是一样的。把重达1.5千克的汽轮机叶片放在一个小型火箭的头部,发射火箭,使火箭加速到每小时300千米的速度,射击这块混凝土板,看看它是否损坏。

每小时300千米是计算出来的碎片可能的甩出速度,试验的结果是叶片的一头钻入了混凝土中达半尺深,而整块混凝土板却没有大的损伤,只不过在背后有少许裂纹而已。

如果电线杆因刮大风而倒在安全壳上又会怎样呢?坚固的安全壳肯定不会损坏。

要是一架飞机失事,撞在安全壳上,又会发生什么结果呢?很多研究者在研究这种事故发生的可能性和后果。幸亏核电站不会建在飞机起落频繁的航线之下。要是真的有一架飞机撞到核电站的安全壳上,那机会也许是几千年才有一次。至少到目前为止还没有发生过。

地震会不会使安全壳破裂?这在选择厂址的时候就已经作过考虑,已对地质情况作了调查,最好是在从未发生地震的地区,并且按照防震的要求来建造核电站。

核废物

多数发电站都要产生废物，核电站也不例外。与煤电站相比，核电站产生的废物只有它的十万分之五左右。一座 100 万千瓦煤电站每年消耗煤约 230 万吨，每天要用 100 车皮的火车运煤；而同样发电容量的核电站每年消耗铀 1 吨，每年只产生 11.6 吨的各种废物。

核电站产生的放射性废物包括固体、液体和气体。其中固体废物量很少，采取贮存或焚烧后贮存的方法。排放到环境中只是废气和低放射性废液。核电站产生的放射性气体排放前先经过衰变或用活性炭吸附，达到允许标准后才由高空烟囱排至大气。排出物中只有氪–85、氙–133、碘–131 只对公众有轻微影响。

人们常常关注核电站的气体排出物，却容易忽视危害较大的煤电站气体排出物。一座 100 万千瓦的煤电站每年排出 24000 吨二氧化碳（CO_2）、360 吨二氧化硫（SO_2）、67 吨二氧化氮（NO_2）和 3 吨一氧化碳（CO）。二氧化硫会引起呼吸道疾病，而且对电站附

美国的"汉佛德"核废料基地

近的农作物生长有害，二氧化氮和飞灰的危害也较大。核电站就没有这些问题。根据相对危害指数的分析计算，煤电站气体排放物对人们健康的危害比核电站大 1880 倍，燃油电站气体排放物对健康的危害比核电站大 830 倍。此外，科学

家们担心地球上二氧化碳的大量积累会对气候带来严重影响。因此，正常的核电站的气体排出物对公众和环境的影响是最轻微的。

核电站产生的放射性液体在排放前经过衰变，除去放射性或者稀释到无害水平才允许排放到湖泊、河流或海洋中去。有的国家核电站排出的废水放射性比家用自来水还低，比含4%酒精的啤酒中的放射性小12倍，比牛奶小140倍。

核电站本身产生的废物量小，对环境影响轻微，但是燃料后处理厂（用来处理核电站烧过的燃料，以提取有用的钚和回收未烧尽的铀）却要产生强放射性废液。这些废液先要在双层不锈钢容器内长期贮存等待衰变，然后用固化的办法变成固体，放在稳定的岩盐地层中永久贮存。已经证实，岩盐地层没有地下水循环，不受地震破坏，地质上可以稳定几百万年。

二氧化硫

二氧化硫（化学式：SO_2）是最常见的硫氧化物。无色气体，有强烈刺激性气味。大气主要污染物之一。火山爆发时会喷出该气体，在许多工业过程中也会产生二氧化硫。由于煤和石油通常都含有硫化合物，因此燃烧时会生成二氧化硫。

当然，任何一种能量生产都会对自然环境的平衡带来影响，人类是可以使这种不利一面缩小到最低程度的。

中国的核电

中国能源短缺极为严重，能源工业的发展远远赶不上生产发展的需要。西方的经验表明，由于能源不足引起的国民经济损失，是能源本身价值的20～60倍。

能源是中国经济与社会发展的重要物质基础，现代化的实现在很大程度上取决于能源的供应和有效利用。我国已经把能源确定为社会主义经济建设的战略重点。

中国整个能源系统的技术和管理落后，能源利用率低，浪费严重，污染成害。所以，能源已成为国民经济和社会发展的突出的制约因素。因此，从中国国情出发，依靠科技进步，加速能源开发和合理使用，成了当务之急。

> **你知道吗**
> 煤是由什么组成的？
>
> 主要由碳、氢、氧、氮、硫和磷等元素组成，碳、氢、氧三者总和约占有机质的95%以上，是非常重要的能源，也是冶金、化学工业的重要原料，有褐煤、烟煤、无烟煤、半无烟煤这几种分类。著名作家朱自清也曾以煤为标题写过一首诗，赋予其独特的象征意义。

中国能源资源地理分布极为不均，地区能源丰富程度相差悬殊，开发条件有优有劣。经济重心偏东，而能源重心偏西。

为了对付能源资源分布不均匀的局面，以往只得靠北煤南运、西电东送来弥补，能源运输量占全国铁路运量的一半以上，水运中煤炭运量也占1/3以上，从而造成了交通运输的极度紧张。

要解决中国能源问题，必须积极开辟新能源，走能源多样化的道路。中国不仅能源紧张，化工原料也很紧张。发展核电就可以节省大量的煤和原油，以进行煤和原油的深加工。这对于发展经济、满足人民生活需要和合理利用资源以及和谐发展都有重大意义。

秦山核电站

1991年12月15日，在风景如画的杭州湾畔，一件令人振奋的大事发生了：我国在那里成功地建设完成秦山核电站。虽然，这是一次没有声响的、

原子能与人类生活　核能发电　YUANZINENG YU RENLEI SHENGHUO

悄悄进行的、和平的核裂变，然而，对于中华民族来说，它的意义决不亚于那颗惊天动地的原子弹！人们都清楚，建设一座核电站，让核裂变在受控的情况下为人类造福，比制造一颗毁灭生灵的原子弹，难度要大得多。

然而，我们成功了，一座发电量为30万千瓦的秦山核电站平地而起。它距上海市约120千米，距杭州市约80千米。站址地质构造稳定，地震烈度很低，主厂房直接座落在基岩上，安全可靠。它是完全靠我们自己的力量设计建设，并且并网发电的核电站。

在世界上靠自己的力量建造第一座核电站的国家，中国是继苏联、美国、英国、加拿大之后的第五个。但英国和加拿大的核电站都不是先进的堆型，如果从这种堆型（压水堆）核电站的独立设计建造来看，中国则是继苏联、美国之后的世界第三位。

秦山核电站系统设备复杂，大小设备2万多台件，涉及设备制造厂商200多家，特别是核电站的主要设备，安全性能要求高，制造难度大，国内制造厂家经过几年的努力，攻克了许多难关，严格执行质量保证大纲，按

秦山核电站厂房内景

广角镜

杭州的自然资源

杭州有着江、河、湖、山交融的自然环境。全市丘陵山地占总面积的65.6%，平原占26.4%，江、河、湖、水库占8%，世界上最长的人工运河—京杭大运河和以大涌潮闻名的钱塘江穿城而过。杭州西部、中部和南部属浙西中低山丘陵，东北部属浙北平原，江河纵横，湖泊密布，物产丰富。杭州素有"鱼米之乡"、"丝绸之府"、"人间天堂"之美誉。

质按量为秦山核电站提供了优良合格的产品。

　　核电站设备的国产化很高,如按设备自身看,在 90% 以上,按所用资金核算也在 70% 以上。

　　核反应堆部分自 1991 年 8 月加入核燃料后,1991 年 10 月底,裂变反应开始,反应堆进入零电压的临界状态。1991 年 12 月 15 日零时 14 分,秦山核电站首次并网发电试验成功。目前,核电机组运行正常,核能转化的电力正输入华东电网,送往城市农村。

　　为保证核电站的安全可靠,秦山核电站采取了防止核泄漏的四道安全屏障。第一道屏障是控制反应性慢变化的硼溶液;第二道屏障是控制反应性快变化和意外事故的控制棒;第三道屏障是把反应堆包在其中、密封极好的反应堆压力容器;第四道屏障就是具有世界一流水平的安全壳。该安全壳不仅在反应堆完全毁掉的情况下,保证放射性物质不会泄漏出来,还可以做到遇龙卷风、强地震、失事飞机和陨石的撞击等灾害而岿然不动。

　　所以,秦山核电站的安全性是极高的。

防止放射性泄漏的四道屏障示意图

　　为什么要选择海盐秦山来建造核电站呢?这块谷地究竟有什么魅力能赢得核动力专家的青睐呢?选择秦山谷地作为我国大陆核电站第一厂址,是因为秦山在地质、地貌、水文、交通以及环境保护等方面具有优越的条件,符合核电站对厂址的各种严格要求。

　　在与浩瀚东海相通的杭州湾北岸,有一座滨海的小县城——浙江省海盐县。20 世纪 80 年代初,一批核动力专家来到海盐县,登上东南角一条不太显眼的山岗——秦山。他们是来观赏奇景的吗?不!他们忙的是另外一件事。他们攀登上这布满荆棘的山丘，为的是确定我国第一座核电站的厂址。

秦山核电厂三面环山，一面濒海。圆柱形的高大建筑物，是安放核反应堆的主厂房，又叫安全壳。它是一个非常坚固的钢筋混凝土圆筒，壁厚在1米以上，由成千上万吨钢铁和水泥浇灌而成。因此，这个厂房要求地基能承受每平方米60吨的重量，并且在核电厂的整个寿期内不能产生差异沉降。秦山谷地恰好具有这样的条件。对山体进行适当开挖后，整个厂房直接座落在基岩上。这里地质构造稳定，地震烈度很低，可保护主厂房稳如磐石。

安全壳近旁的长方形建筑物是汽轮发电机厂房，里面的设备和普通火电厂相似，但尺寸要大得多。

从主厂房往前看有一片平地，上面整齐地排列着许多小车间，它们是为主厂房服务的。这片平地原先是经常被海水淹没的滩涂。经过设计人员的精

拓展阅读

浙 江

浙江省，地处中国东南沿海、长江三角洲南翼，东临东海，南接福建，西与安徽、江西相连，北与上海、江苏接壤。境内最大的河流钱塘江，因江流曲折，称之江，又称浙江，省以江名，简称"浙"，省会杭州。浙江省是中国面积最小、人口密度最大的省份之一，人口绝大部分属江浙民系，其中吴语人口占全省总人口的98%以上，部分江浙民系人口使用徽语方言，另有闽南语、蛮话、蛮讲、畲话、官话等方言人口分布在省内个别县市。浙江经济规模在中国仅次于广东、江苏、山东位列第四。

浙江有会稽山、雁荡山、普陀山、雪窦山、天目山、天台山、四明山等名山；有曹娥江、钱塘江、甬江等著名大江；有杭州西湖、宁波东钱湖、绍兴镜湖、嘉兴南湖等名湖；亦有中国最大的人工湖——千岛湖。京杭大运河穿越浙江北部，在杭州与钱塘江汇合。

浙江属亚热带季风气候，四季分明，光照充足，降水充沛。年平均气温15℃－18℃。1月、7月分别为全年气温最低和最高的月份，5月、6月为集中降雨期。

心安排，用开挖山体得到的土石方修筑了一条海堤，才从海水中夺得了这一片土地。

厂区周围高低参差的重峦叠嶂，恰好成为厂区和居民村之间一道完美的天然屏障，把含有大量放射性物质的反应堆及外面的厂房包在山峦之中，并面向辽阔的海面，大大地增加了当地居民的安全感。

还有一些看不见的地下和水下设施，秦山谷地也为这些设施提供了十分便利的条件。例如，核电厂运行时需要大量的冷却水，多达每小时7万立方米。这些水是经由一个穿山的涵洞，从海平面下的一个取水口中汲取的。那里基岩裸露，岸坡陡峭，水道深而稳定，可以汲取到深层的低温海水。核电厂所需的淡水则是由附近的长山河供给的。那里新建了一个自来水厂，生产的淡水足以满足生产和生活的需要。

核电厂运行中产生的放射性废物（包括废水），都贮存在厂区的地下建筑物内。这些建筑物能有效地防止放射性物质泄漏到环境中去。

大家还可以看到，这里没有常规电厂里必不可少的铁路专用线。对核电厂来说，装入反应堆的核燃料可以燃烧整整三年，而一炉燃料总共只用40吨二氧化铀，因此就没有必要建造铁路线。建厂期间所需的设备、器材，是通过公路或水路运送来的。附近的沪杭公路和金山卫码头，都为核电厂大型设备的运输和装卸立下过汗马功劳。

当然，我国大陆第一座核电站建在浙江省海盐县，不仅仅是由于这些技术上的原因。如果我们把视野再放宽一些，把视角再提高一些，从我国能源供求的全局观点来考虑，就会明白，选择这个厂址建造核电站，还有更为实际的经济背景和更为深远的战略意义。

在华东电网的端点——浙江省海盐县，建造第一座核电站，为华东地区能源结构的改造迈出了决定性的第一步。

大亚湾核电站

广东的地理环境、气候条件对发展工农业生产有不少得天独厚之处。但长期以来能源不足,而电力是其中突出的薄弱环节。由于缺电,一些值得发展的项目不得不搁置,某些已在建设的项目也蒙受影响。这对整个经济以至居民生活的影响是不难想象的。

造成广东电力工业跟不上国民经济发展的客观原因,主要是广东缺乏能源。全省煤炭储量不多,因此需从华北、西北远距离调运煤炭,这在短期内难以解决。水电资源方面,广东已经建设了一批中小型水电站,如新丰江、枫树坝等,但还是不能满足用电的需要。如果建设较大的水电站,

大亚湾核电站

由于广东地处珠江下游,落差小,淹没面积大,且地少人多,这是不适宜的。即使在广东以外有适合的条件建设大型水电站,由于水电有季节性,为了保证稳定供电,也必须有适当比例的火电或核电相配合。南海石油资源丰富,正在勘探,根据国家能源政策,石油是宝贵的化工原料,也不能大量用来发电。因此,广东要加快电力建设,应当考虑能源的多样化,适当发展核电。

当然,从中国的电力供应上讲,在近期,核电只是个补充。但从长远的需要来看,核电必将有个大的发展。当前核电必须迅速起步,并在一定时期内为将来的核电大发展打好基础。广东核电站的建设就是在这样的背景下得到国家批准的。

拓展阅读

广东

广东省,《吕氏春秋》中称"百越",《史记》中称"南越",《汉书》称"南粤",越与粤通,简称粤,泛指岭南一带地方。广东先民很早就在这片土地上生息、劳动、繁衍。在历史长河中,广州、广东等地名次第出现,逐渐演化成广东省及其辖境。

YUANZINENG YU RENLEI SHENGHUO

从香港方面来说，20世纪70年代电力发展受到了石油危机的冲击，电费一度连年上涨，上升幅度最高的一年曾达50%以上。为摆脱这种危机，香港的两家电力公司都转向建设煤电厂。香港有关方面还委托国际原子能机构研究在香港建设核电站的可能性。研究结果表明核电有竞争力，但香港不具备建设核电站的条件。因此，他们希望和广东合作，在靠近香港负荷中心的地方，利用廉价的土地、劳动力等条件兴建核电站。广东毗邻香港，历史上一向经济交往密切，在国家实行对外开放政策并对广东实行特殊政策、灵活措施以后，两地经济关系更为密切。基于粤港双方都有建设核电站的需要和愿望，广东电力公司和香港中华电力公司，早在1979年冬便成立了联合工作委员会，研究在广东省境内兴建核电站的可能性。经过双方长达五年之久的谈判，终于在1985年元月签订了合营合同，成立了广东核电合营有限公司。

广东核电站的兴建，将为香港解决能源问题提供有力的保证，核电站的发电量约为100亿度，其中70%输往香港。前五年电价将不高于香港用煤发电的电价。如此优惠的电价，不但对香港整体经济的发展极为有利，而且惠及每一个市民。同样，广东核电站的建设和投产，无疑是推动广东各地，特别是深圳经济发展的强有力杠杆。

至于厂址选择，更是把安全放在首位。这项工作从1979

核能发电

拓展思考

关于我国香港

香港自中国秦朝起就明确成为那时的中原王朝领土（狭义的中原，指今河南一带。广义的中原，指黄河中下游地区，主要是河南省），前214年（秦始皇二十三年），中国秦朝派军平定百越，置南海郡，把香港一带纳入其领土，属番禺县管辖。从此时起直至清朝，随着中原文明向南播迁，香港地区得以逐渐发展起来。中国元朝时属江西行省，元朝时，在香港西南的屯门，在广州的外港的屯门又设巡检司，驻军，防止海盗入侵，保卫广州地区。直至19世纪后期清朝战败后，领土被分批割让及租借使其成为英殖民地。

年开始。按照核电站选址要求，首先组织有关专家在西江、北江、东江，以及在珠江口以东到海丰鲘门沿海地区进行调查踏勘，第一次从十几个点中筛选，推荐了三个点。又经过一年多的调查和踏勘，认为这三个点中，比较好的是大鹏湾的屯洋。它与香港的直线距离是 45 千米，距深圳是 35 千米。这个距离，按照法国、美国的安全标准，以及同有些国家核电站与大中城市的距离作比较，对城市安全是有充分保证的。但是考虑到对公众的心理影响，

大亚湾核电站厂房内景

放弃了这个点。以后又组织专家沿大鹏湾半岛和大亚湾进行选址。在 1982 年推荐了五个点，经过地质勘探和水文、气象、人口和生态环境调查，请各方面专家反复审查鉴定，于 1983 年 2 月由国家组织有关部门的专家进行了审定。认为大坑、凌角两个地点，从区域稳定、地震地质、环境保护、取排水、地形、交通运输、施工场地、和输电线路出线走廊等条件衡量，都符合建核电站的要求。经过进一步工作和从技术经济方面比较，1983 年 9 月最后选定了大坑麻岭角厂址，也就是大亚湾核电站现址。它直线距离香港 52.5 千米，距深圳 45 千米，并有大鹏半岛山岭的屏障，属人口稀少地区，自然和生态环境条件也比较好，是个比较理想的厂址。

　　秦山和大亚湾核电站的建设只是中国发展核电工业的序幕，随着现代化事业的发展，对核电的需求还将会越来越显示出它的迫切性。

原子能与人类生活

核安全

YUANZINENG YU RENLEI SHENGHUO

　　世界上没有绝对安全的事情，在各种能源的开发中，因事故而造成的重大伤亡屡见不鲜。例如，1988年在北海开采石油的平台就有165人死亡；在西德有一座煤矿发生爆炸造成57名矿工死亡；1984年墨西哥城的一起天然气爆炸事件中造成450人死亡，几千人受伤；1979年印度的一座大坝倒塌，有15000人死亡等。同样，作为新能源技术的核能，也发生过类似的意外事件。

　　1986年4月26日在苏联切尔诺贝利核电站发生了有核电史以来最严重的一次事故。辐射危害严重……。

核电站的安全性

世界上没有绝对安全的事情。在各种能源的开发过程中，因事故而造成的重大伤亡屡见不鲜。例如，1988 年在北海开采石油的平台就有 165 人死亡；在西德有一座煤矿发生爆炸造成 57 名矿工死亡；1984 年墨西哥城的一起天然气爆炸事故中造成 450 人死亡，几千人受伤；1979 年印度的一座大坝倒塌，有 15000 人死亡等。同样，作为新能源技术的核能，也有发生事故的可能性。

1986 年 4 月 26 日，在苏联切尔诺贝利核电站发生了有核电史以来最严重的一次事故。

当切尔诺贝利事故煽起的反核浪潮平息以后，人们能够比较冷静地对事件作出公正的评价。1987 年初，21 国欧洲委员会会议就核安全问题举行了听证会。他们拿 1986 年 4 月 26 日切尔诺贝利反应堆发生爆炸和起火对人的健康造成的已知的和估计会产生的长期影响与普通电厂同其他辐射源对人们的健康和环境带来的危险作比较，专家们得出了基本一致的看法：尽管发生了这次核事故，利用核燃料发电仍然比利用普通燃料发电要安全得多。

核能的优点是十分鲜明的，其能量密度大，功率高，为其他能源所不及。这就容易使安全装置集中，提高效率。在能量储存方面，核能比太阳能、风能等其他新能源容易储存，核燃料的储存占地不大，在核船舶或核潜艇中，也同样占据不大空间，因为它们两年才换一次料。相反，烧重油或烧煤设备需庞大的储存罐或占地很多。

核电作为一种新兴的能源，已在世界能源中占有举足轻重的地位，但它并非十全十美。正像其他任何先进技术一样，核电既能造福于人类，也伴有一定的潜在风险。从对核能的指责声中，我们就听到了一些对生态环境的影响以及设备、燃料退役时的疑虑。例如，台湾北部核能一厂、二厂和南部恒春的核三厂，对沿海渔业就有不小的冲击；南湾的珊瑚也因受到废热水浸害而死亡。其实，无论是核电站还是火电站，都有余热排入环境，因此废热对环境的影响并不是核电站独有的，只是程度上有差别。核电站通过冷却水排入水中的余热要比火电站高约35%～50%。

世界上很多国家把核电站建在沿海，利用海水作冷却水，既可为核电站提供无限的冷却水，又比河水能更好地消散余热，减少余热对环境的影响。为了尽可能减少余热对天然水域的影响，人们还采取了不少措施，如制定排放标准，限制排放引起的升温；选择合适的排放位置及排放方式；提高热转换效率；余热利用等。

日本核电站排水温度一般高出海水温度有7℃～9℃，进入海域后扩散很快，温度迅速下降，因此对水资源不会带来有害影响。据国外报道，多数核电站附近的捕鱼量没有明显变化，有的地方还有增加。

核电站在投入正常运行时，进入废气、废液和固体废物中的放射性物质只是极少的一部分。核电站设有完善的废物、废液废气处理系统，可对放射性废物实行有效的处理。在核电站周围还设置许多监测点，定期采集空气、水样、土样和动植物样品进行分析，监督放射性对环境的污染。放射性物质很难以有害量进入环境。

因此，担心和忧虑核电站污染环境和破坏生态平衡是不必要的。

反应堆不等于原子弹

核电站与原子弹有什么区别？它会不会像原子弹那样发生核爆炸？失控的链式反应会不会使整个电站变成一个大火球，然后冉冉上升，形成一朵硕大无比的蘑菇云？

原子能与人类生活　核安全

基础小知识

挪　威

欧洲国家挪威，位于斯堪的纳维亚半岛西部，东与瑞典接壤，西邻大西洋。海岸线极其蜿蜒曲折，构成了挪威特有的峡湾景色。

那么，反应堆和原子弹到底有什么区别呢？

原子弹是一种空军使用的炸弹。它的爆炸机理是利用重原子核的裂变。就外形、尺寸和重量来说，原子弹和空军所用的普通炸弹没有什么区别。它由装药、引爆装置和金属外壳组成。

原子弹的装药是高浓度的铀－235或钚－239，其总量超过临界质量。它们全都放在一个反射层内。在爆炸前，原子炸药分隔成几个部分，每部分质量都小于临界值。

在给定的时刻，在普通炸药爆炸力的推动下，原子装药的各部分聚集到一起，由于超过临界质量，刹那间引起链式核反应而发生爆炸。从链式反应开始到发生核爆炸的时间极短，以百万分之一秒计算。因此原子装药各部分的相互聚集是在一瞬间发生的，略有差错就可能导致只有极少量的裂变物质参加反应，原子弹就发挥不出它应有的威力。

炸弹的外壳用高强度和难熔的物质制成，这种外壳在核反应的初期可以减少装药的飞散，从而提高它的利用率，增加爆炸的威力。

反应堆所用的材料以及它的设计和运行，和原子弹有很大的

你知道吗

冷却剂也可以兼做减速剂

冷却剂是用来将核裂变所释放出的能量转移到反应堆外的锅炉或涡轮机中，并将动能转变为电能。冷却剂可以是液体，也可以是气体，通过传送泵在核反应堆和锅炉之间循环传送。有时，冷却剂也可以兼做减速剂。

差别。动力反应堆一般都采用低浓度的二氧化铀作燃料。它分散地放在一个较大的容器内，与非裂变燃料、慢化剂、冷却剂以及各种惰性的结构材料交织在一起。这里的中子要比原子弹内的中子寿命长得多，因此不具备核武器的那种能量在刹那间释放的特征。由于没有引爆装置，即使反应堆达到瞬发临界而使功率猛增，也会由于材料的膨胀和变形而使堆芯很快解体，核反应便骤然终止，只有少量铀核来得及发生裂变。这不是核爆炸，只不过是一般的热爆炸而已。

知识小链接

蘑菇云

蘑菇云，指的是由于爆炸而产生的强大的爆炸云，形状类似于蘑菇，上头大，下面小，由此而得名。云里面可能有浓烟、火焰和杂物，一般特指原子弹或者氢弹等核武器爆炸后形成的云。火山爆发或天体撞击也可能生成天然蘑菇云。

20世纪50年代中期，美国在一座建在荒原上的热中子反应堆上进行过功率突升试验。他们在0.2秒的时间内，把一根控制棒从反应堆中弹出来，相当于向堆芯引入4%的反应性。这远远超过了瞬发临界的条件。反应堆果然发生了爆炸，但堆芯同时变形，限制了功率的上升。爆炸的结果只是把各种碎片，包括几乎所有的核燃料，散布到反应堆周围110米半径的范围内。从效果上来看，这次爆炸和中等数量化学物质所发生的爆炸相差无几。这个试验证实，热中子反应堆不可能发生类似原子弹那样的核爆炸。

失水事故

反应堆工作时，要依靠冷却剂不断地从堆芯导出裂变所产生的热量。如果输送冷却剂的主要管道发生破裂，会造成什么结果呢？首先，毫无疑问，在压力下流动着的冷却剂会迅速从破口处大量往外涌出，要不了多久，堆芯就会裸露出液面，发生失去冷却剂事故。对压水堆和沸水堆来说，这又称为失水事故。

当发生大的失水事故时，反应堆会由中子得不到水的慢化而自动中止链式裂变反应，但堆芯中积累的大量裂变产物，将继续放出衰变热，热量释放的速率，大约相当于正常运行时的7%。停堆后15分钟时，衰变热的强度降到2%；一天以后大约降到0.5%。如果在这个过程中堆芯得不到冷却，燃料元件的温度就会上升。

首先是堆芯的金属与水蒸汽发生氧化反应，放出氢气和额外的能量。当堆芯温度上升到2800℃时，燃料和氧化后的金属都开始融化。融化的堆芯在反应堆容器内成为一种白热化的黏性物质。它会在几小时内熔透反应堆容器而掉到厂房的地板上，再穿过建筑物的钢板和混凝土沉入地下。

知识小链接

水蒸气

水蒸气，简称水汽，是水（H2O）的气体形式。当水达到沸点时，水就变成水蒸气。在海平面一标准大气压下，水的沸点为100°C或212°F或373.15°K。当水在沸点以下时，水也可以缓慢地蒸发成水蒸气。而在极低压环境下（小于0.006大气压），冰会直接升华变水蒸气。水蒸气可能会造成温室效应，是一种温室气体。另外，在网络语言中，无文字及任何内容的空白帖子也被称为水蒸气。

有些美国人认为，熔融的那团放射性物质将在地球引力的作用下，一边发热，一边钻进地壳下沉。

实际情况是这样的：当堆芯熔化时，熔浆中的挥发性裂变产物（如碘-131、氪-85、氙-133等）将会逸入大气，如果不加约束，有可能随风飘流到居民中间，造成严重的辐照事故。非挥发性的裂变产物，随着熔浆沉入地下，但熔化的堆芯不会一直沉降下去。开始时，滚烫的熔浆由于不断地发出衰变热，熔化着越来越多的砂土和岩石，为自己的下沉开辟道路。然而到了一定程度，衰变热逐渐减少，而熔化体的表面积却越来越大，下沉过程就逐渐被抑制。以后，它开始凝固，并逐渐降温，成为埋在地下的一团固体的放射性物质。然而，即使埋在地下，放射性物质仍可通过各种渠道（如地下水等）进入人类生活的环境，引起严重的放射性污染。

三道防线和四道屏障

为了防止核电站发生严重事故，核动力专家们采取了"纵深防御"的策略，设置了"三道防线"。

第一道防线是为保证核电站正常运行而设置的各种精巧的自动控制系统。它们监测并调整核电站运行中的各种参数。如冷却剂的液位、温度、压力、反应堆的功率等等。当这些重要参数发生偏离时，自动控制系统就及时对它们进行纠正。

第二道防线是一系列的安全保护措施。当参数的偏离超过允许值时，各种安全保护系统就开始运行。例如及时自动紧急停堆，向堆芯注入应急冷却水等。

为了对付失水事故，堆芯的应急冷却系统又分成好几部分。在压水堆核电站中，它由三部分组成。首先是一个高压注射系统，用来对付小的泄漏。发生小失水事故时，它就向堆内注入高压水。破口较大时，则要依靠安全注射箱系统。它由几个装有硼水的大水罐组成。水罐上部充有 14～45 大气压的氮气。如果失水事故使反应堆压力降到安全注射箱的压力以下，硼水就会在氮气压力作用下顶开阀门，迅速地自动进入反应堆去冷却堆芯。还有一个低压注射系统，在安全注射箱将水排完以后，自动投入运行，将另一水箱中的上千吨硼水连续地送入堆芯，将堆芯淹没。采用硼水来冷却堆芯，是因为硼能大量地吸收中子，可确保堆芯处于亚临界状态。这些系统都有多重的设备，并由好几个电源供电，以提高保护功能的可靠性。

第三道防线是，预先制订好周密的事故管理规程。一旦发生事故，就可利用核电站内部的潜在能力，或增加一些临时性应急系统，缓解事故的后果，

核安全

并防止放射性物质污染周围环境，给居民带来危害。

核电站中最主要的放射性物质，是运行过程中不断产生的裂变碎片。在现代大型核电站中，其数量可达几十亿居里。为了防止它们外逸，在压水堆核电站中建立了"四道屏障"。

第一道屏障是核燃料本身。核燃料是经过高温烧结而成的二氧化铀芯块，这种陶瓷体的结构非常致密。它的晶格能截留住98%以上的裂变产物。

第二道屏障是燃料包壳，如装燃料芯块的锆合金密封管。锆管经过严格的考验，能长期在冷却剂内传输很大的热量而不出现泄漏，从而把扩散出芯块的2%的裂变产物（主要是气体裂变产物）保留在包壳内部。燃料元件在反应堆内通常要工作三年左右，在这段时间里，如果包壳发生哪怕细如发丝的裂纹，也会有一些放射性会进入冷却剂。这时，要依靠第三道屏障来阻止放射性物质的外流。

第三道屏障是由包容反应堆堆芯的钢制容器及其相连的管道系统组成的。由于压水堆的冷却剂在150大气压的高压下工作，钢制容器的壁厚往往超过200毫米。这道铜墙铁壁保证把放射性杂质限于反应堆装置的内部，并通过内部的净化系统不停地从冷却剂中去除这些杂质。

防止放射性外逃的最后一道屏障是安全壳系统。它包括反应堆厂房（即安全壳本身）和在事故发生时使厂房与外界自动隔绝的所有措施。安全壳是一个极其坚固的建筑物，一般由内衬钢板的钢筋混凝土制造。它能抵抗地震、洪水、风暴的袭击，也能承受由于失水事故而造成的内部高温高压，并能将失水事故产生的蒸汽凝

拓展阅读

三里岛核电站

三里岛核电站位于美国宾夕法尼亚州哈里斯堡，萨斯奎哈纳河三里岛。1979年3月28日，美国三里岛核电站发生历史上最严重的核泄漏事件，即三里岛核事故。

结下来。当厂房内出现失水事故信号或高放射性报警时，安全壳系统就关闭掉所有可能使放射性物质泄漏的通路，从而保证居民生命财产的安全。

全世界核电站至今已积累了约 6000 堆年的运行记录。纵深防御的各道防线和屏障发挥了重大的作用。

然而，核电站也曾发生过三次重大事故。其中两次事故的原因都与人为的过失有着密切的关系。

三里岛事故

1979 年 3 月 28 日，星期三，凌晨 4 时零 36 秒，美国宾夕法尼亚州，离首府哈里斯堡东南 16 千米的萨斯奎哈纳河中，三里岛核电站二号反应堆的几台水泵停止了工作。在此后的几分钟、几小时、几天中，由于人为错误、设计缺陷、设备失效等一系列事件，最后堆芯因两次失去冷却水而烧毁。一部分放射性碘和稀有气体从电站中逸出，排入环境。这次事故直接损失达 10 亿美元，如果把间接损失计算在内，估计要超过 20 亿美元。事故是严重

三里岛核电站

的，也是不幸的，然而没有给居民带来危害。

三里岛核电站是压水堆型核电站。这次事故是从一些微小的诱因开始的。首先是在控制和仪表用的压缩空气管线中出现了水分。它使凝结水——给水管线上的几个气动阀门自动关闭。凝结水——给水管线是把在汽轮机内作功以后的蒸汽冷凝而成的凝结水，送回到蒸汽发生器的一条重要管线。由于吸

不上水，凝结水泵、主给水泵就纷纷跳闸，使蒸汽发生器得不到正常的供水，汽轮机便自动紧急停机。

事故发生后1秒钟，3台备用的应急给水泵自动启动。可惜，由于人为的错误，泵出口管线上的阀门在检修后没有放在开启的位置，应急给水无法到达蒸汽发生器。运行人员在事故发生后第8分钟才改正了这个错误。由于蒸汽发生器不供汽、不进水，使堆芯发出的热量不能畅快地排向二回路。事故后3秒钟，反应堆系统的压力上升，反应堆由于系统高压而紧急停堆。系统高压使一电磁泄压阀向泄压箱排放冷却剂。按规定，电磁阀在系统压力下降后应重新关闭。然而它被卡在开启位置上。运行人员没能及时发现这一情况，因此反应堆冷却剂继续向泄压箱排放。事故后15分钟，冷却剂开始从泄压箱流出，进入安全壳的地坑，这实质上就是失水事故的开始，这样的失水过程一直延续了2小时24分钟。

由于冷却剂不断流失，反应堆回路的压力逐渐下降，高压注射系统自动运行，向反应堆系统注水。运行人员把它改为手动控制。4分38秒，由于反应堆系统出现高液位报警，运行人员手动减少了注射流量。这是一次重大的操作失误。运行人员没有意识到，这一高液位是由于系统在低压下出现了蒸汽而造成的虚假液位。当时，电磁泄压阀正处于开启状态，减少注射流量的结果使反应堆系统中的冷却剂入不敷出，系统在低压下出现了蒸汽。直到事故后3小时20分钟，运行人员才恢复了全流量的高压注射。

事故后的前73分钟，4台主泵都在运行。主泵的功用是使反应堆冷却剂在堆芯和蒸汽发生器之间循环流动，带出堆芯的热量。然而由于失水和降

三里岛核电站2号反应堆发生
事故后闲置的冷却塔

压，系统中的蒸汽份额不断增加，实际上由主泵进行循环的是汽水混合物，它使主泵及其相连的管道发生强烈的振动。

这时蒸汽发生器已获得应急给水，如果主泵能坚持运行，汽水混合物完全可以保证堆芯的冷却。这时只要关掉电磁泄压阀上游的切断阀，或用高压注射泵提高反应堆系统的压力，热量就会不断地从堆芯转移给蒸汽发生器，反应堆系统中的蒸汽就会逐渐消失，一切也就化险为夷。

然而，在 73 分钟时，由于担心主泵及其相连管道发生损坏，运行人员停掉了环路 B 中的两台主泵，在 100 分钟时又停掉了环路 A 中的两台主泵，使环路 B、A 中的汽、水相继发生分离。这时在反应堆容器的上部出现了蒸汽垫，一部分堆芯失去了水的覆盖。这是一件特别危急的情况，核电站中价值最高的燃料元件，眼看着在自己产生的热量的作用下，渐渐自焚成一堆残渣。这个状态一直持续了 8 个小时，堆芯上部受到了严重的损害。发生事故 3 年后，用电视摄像机观察损坏的堆芯，发现那里出现了 1.5 米的空腔，其下面则是 36 厘米厚的碎渣层。

当三里岛核电站的运行人员全神贯注地应付种种危情的时候，在安全壳地坑中悄悄地开始积累起越来越多的冷却剂。起初这些冷却剂的放射性并不高，然而当燃料元件的锆管破损以后，放射性就大大地加强了。三里岛核电站没有为安全壳地坑设置自动隔离措施。当地坑水位升高时，地坑泵自动将坑内的水送到安全壳外的贮槽等待处理。贮槽很快满溢了，水流到地板上，一部分裂变产生的放射性气体被通风系统排出厂外。

在高温下，燃料元件中的锆合金与水（或水蒸汽）要发生化学反应，形成氢和氧化锆。根据计算，每千克锆氧化后大约生成 0.5 标准立方米的氢气。三里岛二号反应堆内的总锆量为 24000 千克，估计有 30%～50% 参加了锆水反应，因此产生的氢气量是相当可观的。人们担心会发生氢气爆炸。

发生事故的当天下午 13 时 50 分，电气触点打出的火花点燃了氢气，使安全壳厂房内的温度上升了 22℃，压力达到 1.96 大气压。这次局部的爆燃没有对安全壳的完整性造成任何威胁，因为安全壳，作为防止放射性外泄的第

核安全

四道屏障,是按照4.2个大气压设计的,经受住了考验。

出于对自身健康和财产的担心,核电站附近的居民纷纷向银行提款,驾着汽车远走他乡。估计从3月31日到4月2日,一共撤走了12万人。直到4月6日险象全部解除后,他们才开始陆续返回家园。

三里岛事故使居民们饱受惊恐,曾一度引起各界人士对核电站安全性的怀疑。但是,当人们惊魂稍定,仔细考察事故的后果时,不得不承认,核电站的安全设计是十分有效的。没有人受伤或死亡。堆芯的应急冷却系统在事故发生时能够有效迅速地自动发挥作用。尽管堆芯上部断断续续地裸露了8个小时,遭到严重损坏,但安全壳作为最后一道强有力的屏障,使绝大部分放射性仍保留在核电站的内部,事故造成的放射性释放对居民健康的影响是微不足道的。

切尔诺贝利核电站事故

美国三里岛核电站的事故带来了重大经济损失,而前苏联的切尔诺贝利核电站于1986年4月26日发生的灾难,则留下了血的教训。

切尔诺贝利核电站位于乌克兰首都基辅以北130千米处,距切尔诺贝利城约18千米。电站有4座反应堆。它的4号堆是1983年才投入运行的,这是一座百万千瓦级的压力管式石墨水冷反应堆。这种反应堆有一个巨大的石墨堆芯,直径14米,高25米,重达1900多吨。

切尔诺贝利核电站

堆芯上开有垂直的孔道,插入1693根压力管。水经过压力管带出堆芯的热量,并发生沸腾而产生蒸汽。高温高压的核蒸汽,直接送往两台50万千瓦的

YUANZINENG YU RENLEI SHENGHUO

汽轮发电机组。在反应堆的顶上，有一套专用的换料机构，能在电站带功率运行的情况下更换核燃料。切尔诺贝利核电站与压水堆电站不同，它没有包容整个反应堆系统的安全壳，而是采用一种舱室系统。大部分有冷却剂流动的管系，都封在一系列牢固的隔舱内。当管系发生破裂时，破口所在的隔舱就会充满汽水。这些隔舱都和反应堆下面的一个水池相连，当蒸汽通入水池

切尔诺贝利核电站事故后的 4 号堆

时，它就凝结并被截留下来，不会向周围环境排放，因而也就阻止了放射性的外泄。但就反应堆本身来说，它的顶部却没有包容在舱室内，尤其是堆芯上面各换料孔道上的盖子，它们的上面只是一般的厂房建筑。

事故发生在一次正常的计划停堆过程中，当时人们正试图在汽轮发电机上进行一个试验。

广角镜

人体的热量

热量研究发现可以从 16 世纪追溯至今，人类一直为自身的变化而不断进行研究探索。直到 19 世纪末前后，各国科学家陆续发现代谢率与人体表面积成正比，食物特殊动力作用，证实能量守恒定律也适用于人体，编制出食物热值表以及能量转换系数。人类的自身研究才开始上升到一个全新的阶段。

事后发现，试验计划中有不少地方严重违反了基本运行规程。

石墨慢化堆与沸水堆不同，当堆芯内出现汽泡时，它对反应性会产生正的空泡效应。反应堆在高功率运行时，这个正效应被其他的负效应（如燃料温度效应）所抵销，因此反应堆运行是自稳的。但当功率低于 20% 时，总的效应就变成正的，这时就很

核安全

难用手动控制的方法使冷却剂的流量和冷却条件稳定下来。

试验开始时，操作人员让反应堆在低功率下运行，并违反规定，从堆芯抽出了大部分中子吸收棒。这种吸收棒一共有211根，主要用来调节反应堆的功率，控制堆芯各处功率的空间分布，必要时可使所有吸收棒立即自动掉入堆芯，进行紧急停堆。

为了使试验免受干扰，试验过程中还人为地关闭了自动紧急停堆系统和堆芯应急冷却系统。这样一来，反应堆便在一种没有足够保护的不稳定区域内运行。

谁也无法避免各种随机出现的微小扰动。在深夜1时23分，4号反应堆堆芯内的蒸汽份额有所增加，引入了正的反应性。然而原来应该启动的自动紧急停堆系统被锁闭了。操作人员发现功率有迅速增长的苗头，试图手动停止链式反应，可是由于几乎所有吸收棒都被抽出堆芯，无法快速停堆。功率的上升促进汽泡的形成，汽泡增多使反应性继续增加，终于超过了瞬发临界状态。

根据专家们的计算，在4秒钟内，功率猛增了100倍。释放的能量使一部分燃料突然破裂，成为碎片。细小炽热的燃料颗粒，可能还包括气化的燃料，造成了一次蒸汽爆炸。这第一次爆炸，掀掉了1000吨重的反应堆盖板，把输送冷却剂的管道统统切断。2~3秒钟以后，又听到第二次爆炸，从已损坏的反应堆厂房中，喷出炽热的碎片。反应堆外壳毁坏后，空气与石墨砌体相接触，使石墨熊熊燃烧起来。火灾使形势更趋复杂，更多的放射性物质升到大气层中，一部分燃烧的石墨和燃料，喷到附近各建筑的屋顶上。大量的放射性物质，以气体或尘粒的方式被风刮走，广泛地弥散开来，遍及欧洲各国，但大部分沉降在苏联境内。

苏联的应急部队和当地的消防部门立即作出响应，展开了灭火工作，因为大火一度威胁到了3号机组。4月26日凌晨5时，事故发生后3小时30分，大火被扑灭。3号机组没有受损，安全地停了下来。4月27日凌晨，1号和2号机组也相继停运。

由于堆芯发出剩余衰变热，4号堆继续喷出大量的放射性裂变产物。应急部队在反应堆上面投掷了大量的硼砂、石灰岩、沙子、黏土和铅块,以制止裂变产物的释放。开始时,随着投掷材料的增多,释放的裂变产物反而增多了。因为堆芯由于被隔离而重新升温。一直到事故后的第九天,产生的热量开始少于散失的热量,被闷在里面的石墨开始冷却,放射性的释放才逐渐停止。

根据专家们的估计,这次事故中,所有放射性的裂变气体100%进入了大气,其他放射性核素的释放量约占堆芯总量的3%~4%,其中10%~20%为碘-131和铯-137。碘-131会影响到食物链和呼吸道,但寿命很短,它的半衰期有8天。铯-137被人体摄入后,会沉积在软组织内,半衰期为30年,要通过新陈代谢才能从体内排出。

救灾中有300人受到伤害而住进医院,其中203人得了急性的辐照综合症。31名电站运行人员和应急队伍成员由于辐照严重而死亡。在政府的组织下,13500居民被从污染地区疏散开,耗资近百亿卢布。

知识小链接

石灰岩

石灰岩简称灰岩,以方解石为主要成分的碳酸盐岩。有时含有白云石、黏土矿物和碎屑矿物,有灰、灰白、灰黑、黄、浅红、褐红等色,硬度一般不大,与稀盐酸反应剧烈。

在当年的事故现场,有一堆硕大的钢筋混凝土覆盖着毁坏了的反应堆,人们称它为石棺材。这里埋葬着700千克钚-239,81千克铯-137,43千克锶-90。熔融的核燃料曾一度凝结成为固体的放射性岩石。然而,在温度和辐射的影响下,它现在正在逐渐变脆、变软,并成为灰尘。石棺并不密闭,有不少裂隙。

虽然事故的严重后果没有当时人们所担心的那么可怕,但留下的教训是深刻的。这次事故的直接原因,是核电站运行人员严重违反了6项反应堆运行操作规程。因此,核电站的运行管理是极为重要的。

切尔诺贝利的事故，仍然动摇不了核能在能源需求中的重要地位。在现今俄罗斯的领土上，还有几十座动力堆在运行。25 座是压水堆，21 座是石墨水冷堆，其中 15 座是和切尔诺贝利 4 号堆一模一样的大功率石墨水冷沸水堆。

核电风险最小

人类从生活常识和工作经验中早就理解，要达到任何预定的目标，都要冒一些风险。"绝对安全"的概念是没有的。在核技术领域内也是一样，三里岛和切尔诺贝利的重大事故说明，核电站也会带来一些风险。需要争取的是以尽量小的风险去获取大的利益。

在权衡事物的利害得失时，风险是一个比较全面的概念。它不仅考虑事件所造成的后果（如财产损失、人员伤亡等），而且还包括了事件发生的概率。用公式表示可以写成：

$$风险 = 后果 \times 概率$$

后果严重、概率极小的事件，或经常发生但后果轻微的事故，都不产生大的风险，也不对人类构成严重的威胁。

核电站究竟给人类带来了多大风险呢？虽然发生了三次重大的事故和若干次较小的事故，但动力反应堆的运行史尚不很长，还不足以提供有说服力的统计数据。于是，专家们便使用概率风险分析的方法，来研究核电站的风险与安全问题。

这种方法的基本原理是，在全面了解核电站有关系统和设备的基础上，结合推理、归纳，找出所有可能向外界释放放射性物质的事故序列。由于核电站是由各种系统（流体系统、电气系统、信号保护系统等）组成的，而系统又是由各种部件（泵、阀、容器、管道、开关、导线等）组成的，因此，可以根据部件和系统的失效概率，来推算出事故发生的概率，再乘上这种事故所带来的后果，就得到风险值。把各种事故带来的风险值加在一起，就是核电站的总风险。这种方法的优越之处还在于，可以把人的因素也定时地考虑进去，而人的因素就像在这两次重大事故中所看到的那样，也是十分重要的。

核垃圾的处理

核燃料在反应堆内"燃烧"时，可裂变核素渐渐减少，裂变产物不断增多，其中有好几种核素会强烈地吸收中子。因此，到了一定程度，"核火焰"会逐渐熄灭。只有用新的核燃料组件来替换用过的燃料组件，才能使反应堆继续进行工作。

用过的核燃料组件与烧过的煤块有很大的不同。煤块烧过后，绝大部分可以燃烧的碳元素已气化变成二氧化碳。而用过的核燃料组件中，仍保存着大部分裂变物质。按其成分来说，96%是没有"烧"过的铀，1%是铀－238吸收中子而形成的钚，另外3%则是铀－238吸收中子而形成的锕系元素，以及铀－235裂变而产生的各种放射性或非放射性核素。

防放射服

刚替换下来的燃料组件放射性很强，一般都要让它在核电站内贮存半年到一年，使短寿命的核素有相当大一部分衰变掉。在这段时间里，操作人员不能直接搬运这些组件，而必须在足够的辐射防护条件下进行远距离操作。在压水堆核电站中，这种操作是浸在水下进行的，水层有足够的厚度，可以保护操作人员免受辐射的损害。

用过的燃料组件经过半年以上的衰变，可放在装有屏蔽的车上转移到厂外的贮存地点或专门的处理工厂。在处理工厂内，通过一套遥控设备，从燃料组件中回收铀和钚，而留下一种含有大量高放射性核素的废液，叫高放废液。

放射性废物的最终处置，是一件令人头痛的事情。先要设法尽量减小它的体积。对含有较多可燃成分的废物，可采用焚化的办法，使放射性核素残留在灰烬之中。对含放射性核素的溶液，则采用蒸发浓缩的办法，使体积比原来缩小几十倍甚至上百倍。体积缩减后的核废物，如果处于分散和可流动的状态，还要用各种办法将其固化，其目的是使放射性核素不再扩散。现在比较成熟的固化剂有水泥、脲醛、塑料、沥青等。当放射性废物浇铸这些材料内时，就成为固化块。这样就可以比较方便地进行运输、贮存，直至深埋。对于高放射性的废物，则要采用更为严密的固化材料将其固化。现在研究出一种把放射性物质固化在玻璃内的新工艺，它可以确保核素得到长期的固定。

知识小链接

沥 青

沥青是由不同分子量的碳氢化合物及其非金属衍生物组成的黑褐色复杂混合物，呈液态、半固态或固态，是一种防水防潮和防腐的有机胶凝材料。用于涂料、塑料、橡胶等工业以及铺筑路面等。

那么，这些固化块又该放在什么地方呢？它们是不是还需要有人照看？是否有办法一劳永逸地把它们最终处置掉呢？

通常采用的办法是把核废物埋藏。专家们还寻找到一种更加彻底的办法，就是把它们送往远离尘世的宇宙空间。这是十分昂贵的，因此只能用来处理少量会造成长期麻烦的放射性核素——锕系元素。

把核废物送到绕地球运转的轨道上是没有意义的，因为绕地轨道的长期稳定性得不到保证，一旦发生坠落，就会给地球人类带来灾难。把废物送到月球或其他行星上，似乎并非上策。因此，最彻底的办法是把废物送出太阳系。然而这样做需要有十分强大的运载火箭，且费用极高。

空间处置的方案有好几种。专家们发现，较为理想的方案，是把废物送入以太阳为中心，以太阳到地球的平均距离的 0.85 倍为半径的日心轨道。这个轨道在地球与金星之间穿过。废物被送入轨道后就像一颗小行星似的，可在地球与金星之间绕太阳稳定地运转 100 万年，而所需的火箭发射功率则与将核废物送入较高的绕地轨道相差无几。

彻底消除放射性核素的另一个方法是使其嬗变。就是用各种粒子去轰击长寿命的放射性核素，使它们很快转变成危险较小的短寿命核素或可裂变核素。

为了使待处置的核素进行嬗变，首先要把它单独分离出来，放在带电粒子加速器、裂变反应堆或聚变反应堆中承受粒子或中子的照射。而用于嬗变处置的最好工具，是快中子堆或热核聚变反应堆。那里中子"产量"高，有利于嬗变过程的进行。需要处置的核素可做成针状，插在反应堆内，经受中子的轰击。根据计算，锕系元素在快中子堆中放置 5～10 年，其中 90% 将嬗变成可裂变核素，然后发生裂变而消失。

基本小知识

行　星

行星通常指自身不发光，环绕着恒星的天体。其公转方向常与所绕恒星的自转方向相同。一般来说行星需具有一定质量，行星的质量要足够的大且近似于圆球状，自身不能像恒星那样发生核聚变反应。

裂变产物中，有些核素会强烈地吸收中子。因此，在进行嬗变辐照以前，还要把它们和锕系元素分开。这是一项比较艰巨的任务，因为它们都是一些尺寸大致相同的三价离子，有十分相似的化学性质。

核素的分离和提取，是空间处置和嬗变处置所必须解决的共同课题，科学家们还得花一段时间来研究。

原子能与人类生活　核安全　YUANZINENG YU RENLEI SHENGHUO

敬而远之

1946年5月，有一批客人来到美国新墨西哥州的洛斯—阿拉莫斯。他们是7位世界著名的物理学家，专程前来观看加拿大籍科学家路易斯·斯洛廷博士给他们表演原子弹的作用原理。

斯洛廷博士把由裂变物质制成的两个半球放在架子上，每个质量都小于临界值。斯洛廷操纵一套远距离控制装置，使两个半球逐渐接近。中子数量随着半球的移动而不断增加。根据计算，在两个半球相距3毫米处裂变过程就会达到临界点。如果它们再靠近一些，中子增殖系数就会大于1。

突然，有一个半球滑下来了，防止发生链式反应的间隙开始闭合。刹那间，房间内出现了眩目的闪光，红色指示灯告诉大家，辐射强度已达到危险值。人们惶恐不安，胆战心惊，只有斯洛廷仍保持镇静。当时半球之间的相对位置还不足以引起爆炸。他立即冲出屏蔽墙，用手把两个半球掰了开来。危险排除了，很多人的生命得到了挽救。与此同时，博士意识到自己受到了强烈的辐照，但当时却没有什么感觉。

放射性标志

9天后，这位为第一颗原子弹作临界试验的科学家，在医院里与世长辞了。这是一次强烈辐射引起的急性死亡事故。

动物试验表明，在遭受大剂量辐照时，首先出现急性效应，这时，躯体受害的严重程度与吸收的辐射剂量有关。开始时会引起白血球的降低，随着剂量的增加,会生产呕吐、脱发、腹泻、感染、出血以及各种并发症,直至死亡。

除了急性损伤以外,辐射的有些效应要经过较长时间才表现出来。在第一次世界大战中,X 射线设备作为一种诊断器械,曾广泛地用来检查战争中的伤员。然而在战争结束后的头几年,那些在炮火纷飞中救死扶伤的 X 射线设备操作人员身上,却开始出现各种恶性肿瘤。实验证实,这是由于经常性地受到辐射而产生的一种晚期效应。而当年 X 射线设备的设计,没有很好地考虑对辐射的防护。受到慢性辐射损伤后,会患白血病、恶性肿瘤、再生障碍性贫血、白内障、不育症,等等。

除了早期和晚期的躯体效应以外,辐射还能在下一代身上产生遗传效应,使他们出现畸形。慢性效应与遗传效应往往只在少数人身上发生,对个人来说具有偶然性,并不是每个人都会得癌症或产生遗传缺陷。而急性辐照损伤则只与吸收剂量有关,任何人只要遭到足够强烈的照射,就会出现症状。核电站在运行过程中会产生大量的放射性核素。为了防止辐射对核电站工作人员及其附近居民造成伤害,国际辐射防护委员会和各国政府,对允许接受的剂量和辐射防护作了严格规定。

我们已经知道,穿透力最强的射线是 γ 射线。在核电站中,人们广泛地利用各种屏蔽结构,如铅块、混凝土以及其他高比重的材料来防止 γ 射线伤害工作人员。在核电站内放置放射性设备的房间之间,都有很厚的屏蔽墙,将它们互相隔开,保证运行人员在操作走廊上工作时安全无恙。每个房间都有一个笨重的铅制屏蔽门,运行人员要用足力气才能使它缓缓地开启。放射性设备室平时很少进人,必要时经过辐射防护人员的监测,采取措施后方能进入,在里面停留

畸形是怎么形成的

畸形是非正常的胎儿发育所引起的器官或器官部分结构的遗传缺陷。主要是指个体发生中的异常而产生的、越出变异范围的异常形态的个体。畸形发生从形态学来看,是由于形态结构的过度形成和部分正常形成被抑制或缺少以及部位变动而重新组配产生的。

的时间也受到严格控制。

为了减少辐照剂量，核电站中还使用各种远距离操作或自动操作工具，如机械手，它能在屏蔽墙的内侧模仿墙外操作人员的动作，把放射性物质装入瓶中，盖上瓶盖等等。

除了γ射线以外，反应堆运行中产生的放射性物质，还会放出α射线和β射线。这些射线穿透力很弱，在体外照射不会对人体构成重大威胁。如果这些辐射源通过吞咽或呼吸进入人体内部，则会使人体组织受到内照射，造成局部损伤。因此，在核电站各厂房内不能吃食物。

核电站内部还设有非常完善的通风系统，保证各厂房有充分洁净的空气供应。检修时，还让工作人员穿上特种材料制成的"气衣"，把人从头到脚都密封起来，由外部供应纯净的空气用于呼吸。

尽管我们的感觉器官不能察觉到放射性的存在，但可以通过比较方便的仪器对它进行监测。每个从事放射性操作的工作人员，都配备个人的剂量仪。在他们工作的环境里，还设有高度灵敏的探测器。每次离开放射性工作现场，他们都要进行淋浴，更换衣服，进行全身的放射性测定，防止把辐射物质带到生活区去。

面对辐射

有一点已经非常清楚，小剂量的辐射不会引起躯体的任何早期症状。但对它带来的后期效应和遗传效应，目前却没有完全一致的看法，因为极难确定症状与辐射的因果关系。在这方面，现在存在三种不同的观点：

第一种观点认为，剂量不管大小，一律有害。目前并未得到广泛的支持。

第二种观点认为，大剂量有害，在一定阈值（限额）以下的小剂量，则无害。

大量的医疗记录和多次的动物试验显示，如果有100万人，每人受到0.01希沃特的辐照剂量（希沃特是辐照剂量的单位），则在他们以后的生命过程中将有125人会因此而患恶性肿瘤，后代中有80个有缺陷个体，与原有的统计数字相比，只使癌症死亡率增高了0.063%。后代中的有缺陷的个体数与总体平均的遗传缺陷数相差无几。这说明小剂量辐射不会损害人体健康。日本对广岛和长崎的原子弹幸存者曾作过广泛和深入的调研，发现对低于0.1希沃特辐照剂量的受害者来说，很难找到吸收剂量与健康效应之间任何具有统计意义的重大联系。吸收剂量超过1希沃特的人，虽有明显的躯体损伤，但在他们的后代中，并没有察觉到额外的遗传效应。有一些幸存者的子女表现出遗传上的缺陷，但其概率并不大于整个日本人的平均值。

事实上，即使没有核电站，人类也一直在经受着小剂量的辐射。因为在我们的周围到处存在着少量的放射性。例如，天然钾元素中含有放射性核素钾－40，它的丰度为0.0119%，体内的积存量约为2.4毫克。人通过食物每天摄入一点点钾－40，它们在血液中循环流动，不断地放出γ、β射线而衰变，使人人都成为一个微弱的天然放射源。对这种水平的放射性，我们早就适应，当然无需顾虑。

第三种观点认为，像天然辐射那样的小剂量照射，对生物不但无害，反而有益。它是生命进化过程中的必要因素，可以延长寿命，减低慢性病的死亡率，有利于繁殖后代。

专家认为，我们的地球实际上是从一个放射性较高的状态演化过来的。进化的过程赋予了人类各种感觉，提醒人类去发现并适应自然环境中可能遇到的各种危险。例如我们能看到火焰，感觉到它发出的热量，从而可以避免烧伤。但人的感觉却不能监测到辐射的存在，这是什么原因呢？道理很简单，因为没有必要。

现在人们时时刻刻担心放射性的危险，但生命却在放射性的包围中毫不在乎地照旧繁衍着。这说明我们已经适应了这种天然放射环境。由此看来辐照对细胞的少量破坏，很可能是生命所必要的，因为这能刺激遗传复制的机制。

这种假设并非异想天开。大家知道，某些毒物如鸦片、吗啡等，当小剂量使用时，能使人兴奋，大剂量使用时却对人体有害。高浓度的栎树皮提取物能抑制霉菌的生长，而小剂量的使用则能促进霉菌的生长。当生物机体暴露在微量的或低水平的有害物质或不利因素中时,能激发出天然的生理性防御机制,有利于生物的健康和生存。我们接种的疫苗就是这样一种物质,它们使人产生出抗体,免受各种致病菌的暗算和杀伤。

> **知识小链接**
>
> **霉菌**
>
> 霉菌是丝状真菌的俗称,意即"发霉的真菌",它们往往能形成分枝繁茂的菌丝体,但又不象蘑菇那样产生大型的子实体。在潮湿温暖的地方,很多物品上长出一些肉眼可见的绒毛状、絮状或蛛网状的菌落,那就是霉菌。

为了弄清楚小剂量辐射的作用,科学家曾进行过一些动物辐照的对比试验:把刚生下的鲑鱼卵分成两组,其中一组用γ射线照射,另一组作为对比,然后进行孵化喂养。90天以后,鲑鱼长到5厘米左右,分别做上记号,放入天然环境中。几年中,统计回来产卵的鲑鱼数量后发现,受过辐照的鲑鱼洄游回来的数量要多得多。进一步研究表明,小剂量照射能提高受伤动物的存活率。

那么人对小剂量辐射会有什么反应呢?我国某市的γ射线的强度,约为一般地区的3倍,居民全身受到的内外照射的年剂量,达到2.47×10^{-5}希沃特。11年中对8万人进行调查,结果发现该地区居民的癌症死亡明显低于一般地区。我国居民的恶性肿瘤死亡率平均为66.92×10^{-5},而该地区却只有41.19×10^{-5}。印度、巴西、英国等国家也对某些地区作过统计,给出了类似的结果。

介绍这些材料,并不是想告诉大家,可以对辐射采取漫不经心的态度,而只是希望减少一些不必要的顾虑。实际上,在日常生活中,彩色电视给我们的辐射剂量,每年大约为1×10^{-6}希沃特;从上海坐飞机到北京,从宇宙射线中可得到1×10^{-5}希沃特;每年的食物带来1×10^{-4}希沃特;轻型混凝土房屋每年给居住者的辐照为1×10^{-3}希沃特;而作一次胃肠道的透视检查,则为1×10^{-2}希沃特。相比之下,核电站带给居民的剂量,不超过5×10^{-6}沃特,只是略为高于彩色电视而已。

原子能与人类生活

核能的未来

YUANZINENG YU RENLEI SHENGHUO

　　核能作为一种新型清洁能源，历来倍受推崇。中国国家发展改革委员会正在制定中国核电发展民用工业规划，准备到2020年中国电力总装机容量预计为9亿千瓦时，核电的比重将占电力总容量的4%，即是中国核电在2020年时将为3600～4000万千瓦。也就是说，到2020年中国将建成40座相当于大亚湾那样的百万千瓦级的核电站。从核电发展总趋势来看，中国核电发展的技术路线和战略路线早已明确并正在执行，当前发展压水堆，中期发展快中子堆，远期发展聚变堆。具体地说就是，近期发展热中子反应堆核电站；为了充分利用铀资源，采用铀钚循环的技术路线，中期发展快中子增殖反应堆核电站；远期发展聚变堆核电站，从而基本上"永远"解决能源需求的矛盾。

海上核电站

大西洋海面上，漂浮着一座比足球场还大的环形小岛——海上核电站，岛上高大的厂房隐约可见。美国设计的这种核电站，是在一个长130米、宽120米和深12米的铁制浮动箱上建造的小型核反应堆。浮动箱露出水面3米，而有9米处于水下。整个核电站重约16万吨，可以在深15米的浅海中漂浮。核电站好像被围在一个环形岛上。其实，那是为了防止凶猛的海潮和巨大的海浪冲击核电站而设置的圆形防波堤。

这种防波堤造得非常坚固，是用1.7万多个像星状一样的钢筋混凝土堆桩垒成的，而且在堤的下面还有好多个长60米的大混凝土沉箱作地基支承着。在堤上还建有水闸，以便海水进入核电站周围，作为反应堆工作时的冷却用水。

但当大型油轮高速驶近核电站附近的海面，或者特别大的海潮来临时，必须将闸门关上。

这种核电站可先在海港内建造，然后用大轮船像拖驳船一样拖向离海岸不远的浅海区，或者海湾附近。电站发出的强大电力，可通过海底电缆与岸上的电网接通。同时，由于建有较高大的防波堤，能引来鱼、虾回游，便于海洋生物的养殖和捕捞。

在海上建造核电站的一个重要的优点是，造价要比陆地

你知道吗

"大西洋"并非翻译名

"大西洋"并非翻译名，是地道的国产西洋地名呢！中国自明代起，在表述地理位置时，常习惯以雷州半岛至加里曼丹作为界线，此线以东为东洋，此线以西为西洋。这就是我们常称日本人为东洋人，称欧洲人为西洋人的原因。明神宗时，利马窦来华拜见中国皇帝，他用中国方式说，他是"小西洋（当时中国指印度洋的说法）"以西的"大西洋"人。可见那时我们已称为"大西洋"了，此名至今没再做其他译法。

上的核电站低。这一点是很吸引人的，因为在同样的投资条件下可以建造更多的核电站。海上核电站的另一个长处是，在选核电站地址时，不像在陆地上那样要考虑地震、地质等条件，以及是否在居民稠密区等各种情况的影响，而且选择的余地大。

这种核电站还有一个独特的优点是，海上的工作条件几乎到处都一样，不存在陆地上那种"因地而异"的种种问题。这样，就可以使整个核电站像加工产品一样，按标准化的要求进行制造。结果，建造出的核电站全都模样相同，像多胞胎的兄弟一样。因而，能像工业上的流水线作业方式来制造一批核电站，既简化了生产过程，又方便了使用，而且还可大大降低建造成本，缩短建造的时间。

现在，人们对这种灵活方便的海上核电站很感兴趣，特别是英国、日本、新西兰等岛国，陆地面积适宜建造核电站的地方少，而海岸线却很长，就可充分利用这一优势，大力发展海上核电站，使辽阔的海面上镶嵌更多、更大的明珠！

海底核电站

核电站不仅可以漂浮在海面上，更令人惊奇的是核电站还可以潜伏在海底，静悄悄地为人类服务。

不久的将来，海底核电站就要正式问世了。

海底核电站并不是人们凭空想出来的。它是随着海洋石油开采不断向深海海底发展而提出的一项大胆设想，实际上也是远见卓识的创新。

要勘探和开采海底，特别是五六百米以上深海海底的石油和天然气，需要从陆地上的发电站向海洋采油平台远距离供电。为此，就要通过很长的海底电缆将电输送过去。这不仅在技术上要求很高，而且要花费大量的资金。如果在采油平台的海底附近建造海底核电站，就可轻而易举地将富足的电力送往采油平台，而且还可为其他远洋作业设施提供廉价的电源。

海底核电站在发电原理上和陆地上的核电站是一样的，都是利用核燃料在裂变过程中产生的热量将冷却的水（或其他液体）加热，使它变成高压蒸汽，再去推动汽轮发电机发电。但是，海底核电站的工作条件要比陆地上的核电站苛刻得多。

首先，在海底核电站的各个零部件要能承受住几百米深的海水所施加的巨大压力；其次要求所有设备滴水不漏，密封性好，并能耐海水腐蚀。因此，海底核电站所用的反应堆都安装在耐压的堆舱里，汽轮发电机则密封在耐压舱内。而堆舱和耐压舱都固定在一个大的平台上。

考虑到安装方便，海底核电站可在海面上进行安装。安装完工后，将整个核电站和固定平台一起沉入海底，座落在预先铺好的海底地基上。

当核电站在海底连续运行数年以后，像潜水艇一样可将它再浮出海面，以便由海轮拖到附近海滨基地进行检修和更换堆料。

美国是最先开始研究海底核电站的国家。早在1974年，美国原子能委员会就提出了发电容量为3000千瓦的海底发电站的设计方案。这座海底发电站包括反应堆、发电机、主管道、废热交换器、沉箱等五大部分。它采用的是一种安全性非常好的铀氢化锆反应堆。

这种反应堆的特殊之处在于，它的发电能力在极短的时间内能由零迅速上升到几百万千瓦，以后又自动迅速地降落下来。所以，人们将这种反应堆叫做脉冲反应堆。意思是说，它像汽车转弯的指示灯，一闪一闪地变化很快。别看脉冲反应堆这么一升一降，可它的发电能力大为

拓展阅读

发电机

发电机是将其它形式的能源转换成电能的机械设备，最早产生于第二次工业革命时期，由德国工程师西门子于1866年制成，它由水轮机、汽轮机、柴油机或其它动力机械驱动，将水流、气流、燃料燃烧或原子核裂变产生的能量转化为机械能传给发电机，再由发电机转换为电能。

提高。就以美国这座发电站来说，它在稳定时的发电能力虽然只有3000千瓦，可是其脉冲发电能力最高可达600万千瓦，是原来的2000倍。

核反应堆用的冷却剂，是取用方便的海水。整个核电站在海底安全运行4年后，浮出水面，进行换料检修，然后再沉入海底继续使用。

英国研究海底核电站也比较早，是在20世纪70年代初期"石油危机"后开始研制试验的。1978年，为了开采海底石油，英国几家公司联合提出了海底核电站的设计方案。

它与美国的海底核电站的主要区别是，装置了两座反应堆舱。这样，在一座反应堆停堆换料或检修时，另一堆可照常供电，保证采油平台连续用电的需要。反应堆安置在长60米、直径为10米的耐压舱内，而耐压舱可在500米的海底长期稳定工作。

耐压舱的外壳是用双层5～7厘米厚的钢板制成的，中间灌注混凝土，其厚度为0.5～1.5米，并随水深而增大。汽轮发电机共装备了三台，也分别密封在耐压舱内，以确保电力供应的需要。

地下的核反应堆

1986年，苏联切尔诺贝利核电站发生事故以后，苏联等国核电站设计专家为提高核电站的安全系统的可靠性，进行了深入的调查研究。其中有一个研究方向是探讨地下核电站的可行性。结果表明：地下核电站比地上核电站更为安全，并且经济和技术上都是可行的。

苏联核反应堆的防护罩只有1.6米厚，反应堆内的熔融核燃料一旦逸出而压到罩壁上，不到1小时就会把罩烧毁。在新的"核电站-88"设计中，防护罩也只能耐受4.6个大气压的内部压力，电缆、管道等也只能耐受8个大气压，而在反应堆核燃料熔融事故中蒸汽与氢的爆炸会产生高达13～15个大气压的压力，所以，在未能设计出"绝对安全的反应堆"之前，应将核电站建在地下。目前所说的地下核电站,是把反应堆和控制系统建在石质和半石质地层中的中小型核电站。

> **知识小链接**
>
> **电缆**
>
> 通常是由几根或几组导线(每组至少两根)绞合而成的类似绳索的电缆,每组导线之间相互绝缘,并常围绕着一根中心扭成,整个外面包有高度绝缘的覆盖层。电线电缆是指用于电力、通信及相关传输用途的材料。"电线"和"电缆"并没有严格的界限。通常将芯数少、产品直径小、结构简单的产品称为电线,没有绝缘的称为裸电线,其他的称为电缆。

据分析,这种地下核电站至少可保证运营中不危害周围环境,不发生切尔诺贝利核电站那种浩劫式的事故后果,而且便于封存寿终正寝的反应堆,减轻地震对核电站的影响。此外,把核电站转入地下,还可以使核电站的建设得以在现有技术水平上得到发展,而无须等到"绝对安全"的核电站设计问世之后再发展核电。

据分析,把四个机组的 100 万千瓦核电站的反应堆和控制系统建在 50 米深的地下,建筑费用只增加 11%~15%,但如果把关闭核电站所需费用算进去,那么地下核电站的造价比地上核电站还要低一些。拿两个机组的 50 万千瓦供热核电站来说,将反应堆设在地下的建筑费用比地上同类核电站多 20%~30%,如果把关闭核电站所需费用打进去,则只多 4%~11%。

卫星上的反应堆

1978 年 1 月 24 日,苏联军用卫星"宇宙 954"号因控制机构失灵而坠入大气层,变成许多小碎片,散落在加拿大的西北部地区。加拿大政府就此向苏联提出抗议，并要求赔偿损失。国外一些报刊也就此纷纷发表评论。为什么卫星坠毁于他国，竟引起抗议和纠纷呢？原来在苏联这颗军用卫星上装有核反应堆，卫星失事后变成碎片散落在地面上就会产生污染。人们由此知道，核反应堆已被搬上太空，成为当时超级大国争夺空间的重要工具。其实，美国在这方面也毫不示弱。早在1965年，它就发射了一颗装有核反应堆的卫星。

在卫星上装有各种电子设备，包括电子计算机、自动控制装置、通信联络机构、电视摄像和发送系统等，都需要使用大量可靠的电能。对于用来探测火星、木星等星体的星际飞行器，配备的电子设备就更多更复杂，而且来回航程就要数年至十几年。在此期间，还要与地球保持不断的联系等等。因此，这种太空飞行器上所用的电源，就要求容量更大，性能更加可靠。为了满足太空卫星和飞行器的用电要求，人们进行了各种试验研究。

20世纪60年代初期，首先在卫星和太空飞行器上使用了燃料电池。这种电池和普通化学电池（即干电池）不同，它实际上是一种发电设备。只要向电池中不断地注入反应物质（流体），排出反应的产物，燃料电池就能长期连续地进行工作。

通常广泛采用的是氢-氧燃料电池。由于这种燃料电池是一种把燃料具有的化学能，也就是氢-氧燃料的燃烧热能连续而直接地转变成电能，没有作机械运动的零部件，所以它的工作稳定可靠。不仅如此，它除了能得到需要的电能外，还可以得到与燃料的消耗量相同的水。这种水经

你知道吗

太空是由什么构成的？

"太空"是由无极元和能量相互作用而构成的、物质的，存在时空概念并存在于宇宙内部的一个有限的，有着开始和结束的整体事件，是易学中的太极世界。太极世界里有能量、有物质、有时空和事件。太空同样也是佛教中描述的"万有"，是基督教中描述的"一切"。

过净化以后就可供人饮用。这对太空飞行器来说，是一种宝贵的副产品。美国的飞船就采用了氢－氧燃料电池。但是，燃料电池的成本高，使用寿命最长为几十天，不能满足长期使用的要求。

后来，人们又采用了太阳能电池作为太空卫星和飞行器用电源。然而，当卫星运行到地球背面，或在月球上漫长的黑夜（一个"月夜"相当于地球上的 14 个昼夜），或者向远离太阳的其他行星飞行中，太阳能电池就根本无法工作。此外，即使在有阳光的条件下使用太阳能电池，但当需要提供大容量的电能量，仅电池的集光板就得大到上千平方米，这在太空飞行中显然是难以做到的。因此，人们最后才找到了比较理想的太空飞行器和卫星用的电源——空间核反应堆。

带核反应堆的人造卫星

在采用反应堆作为空间电源之前，广泛使用的是放射性同位素电池。直到目前，在一些太空飞行器上还大量采用这种核电源。

常用作放射性同位素电池的同位素是钚－238 和锶－90，它们的半衰期（放射性元素由于衰而使原有量的一半变成为其他元素所需要的时间）分别是 87 年和 28 年。核电池的使用寿命，一般可达 5～10 年以上，电容量可达几十至上百瓦。然而，它的电容量与空间核反应堆电源比起来就微不足道了。堪称空间电源大力士的核反应堆，其电容量从 500 瓦至几千

广角镜

卫星的分类

卫星按它所围绕的行星可分为地球卫星或其他星球的卫星。按来源分，地球卫星又可分为天然卫星和人造地球卫星。

瓦，甚至可高达百万瓦。在这种情况下，对于要求电源容量越来越大的一些太空飞行器来说，就理所当然地选用核反应堆作电源了。

太空核反应堆在工作原理上与陆地上的核反应堆基本一样，只是前者由于在太空飞行中使用，要求反应堆体积小，轻便实用。为此，太空核反应堆所用的燃料是纯铀－235。这种核反应堆连同控制装置，大约像2千克重的小西瓜那么大。反应堆运行时产生的热量，一般用两种办法转换成电能。一种办法是，将装有液态金属（如水银或钾钠合金）的管子从反应堆中通过，液态金属就吸收热量变成蒸汽，来推动汽轮发电机发电。它的优点是，能量转换效率高，可达30％。缺点是，汽轮机的转速很高，达到每分钟一万转，这在空间飞行无人维修的情况下，很难做到长期安全运行。因此，这种办法未能得到实际使用。另一种办法是，以热电偶或热离子方式发电。它不需要转速很高的汽轮机，所以使用简便，可以长期稳定地发电。

太空核反应堆不仅用作空间飞行器和卫星的主要能源，而且还是未来用于考察和开采月球矿藏的理想电源。在人类征服宇宙空间的伟大事业中，空间核反应堆无疑将是最得力的助手之一。

1992年8月报载，俄罗斯圣彼得堡设计所已建成一台供人造地球卫星使用的微型核电站："黄玉－2"号，其功率为7000瓦。装置中没有涡轮机，也没有发电机，完全靠反应堆把原子能直接变成电能。微型核电站机组的寿命为5～7年。

通古斯大爆炸的启示

1908年6月30日晨7时许，在俄国西伯利亚通古斯地区的森林上空，发生了一次稀有的爆炸。方圆几百千米内数以千计的居民，看到天外飞来了一个巨大的火球，很快变成了一根擎天的火柱。接着是天崩地裂的巨响，大地都在颤抖。

随后是冲击波夹着狂风把周围30千米的森林夷为平地,远在400千米外的屋顶被掀走,森林中的树木被点燃,动物被烧焦。爆炸引起的气浪,绕地球转了两圈。爆炸后,出现了一系列反常气候,蘑菇状的烟云冲到19千米的高空,通古斯地区普降黑雨。爆炸后出现了磁场干扰。据当时记载所作的测算,这次爆炸威力相当于1000万吨级核爆炸。这就是举世闻名的通古斯大爆炸。

20世纪80多年来,先后有许多科学家到过通古斯地区实地考察,试图揭示这个世界之谜。早在1927年,苏联科学家库里克,率领考察队到通古斯地区做过十几次仔细考察,他们掘地25米也没找到陨石或陨石的痕迹。近来,又有一些科学家到过通古斯地区,利用最先进的检测技术,对爆炸区树木作了放射性检测。结果发现情形与遭受原子弹袭击的广岛很相似,还发现爆炸中心区土壤里有数以千计的直径几毫米的小珠,很可能是高温熔融的硅酸盐。

目前的科学界倾向于认为这是一个小行星造成的。但是,有的科学家根据已发现的种种迹象,大胆地推测通古斯大爆炸是一艘外星人操纵的核动力宇宙飞船失事时引起的核爆炸。

他们推想:当时这艘核动力飞船正以几分之一的光速从天外飞向地球轨道。操纵者本想对地球作一番仔细地观察,但不料在飞船进入地球轨道后,发动机出现了故障。飞船与大气发生摩擦,表面产生高温而猛烈燃烧起来。飞船在离地面8千米上空时,好像作了一次飞行姿态修正,想避免迫在眉睫的灾难。但最后的努力也失败了,结果因核装置触发,引起了一场灾难性的核爆炸。

如果这一设想成立的话,就相当于告诉人们,90多年前,外星人就曾驾驶着核动力

拓展阅读

陨 石

陨石是人类直接认识太阳系各星体珍贵稀有的实物标本,极具收藏价值。陨石多半带有地球上没有或不常见的矿物组合,以及经过大气层高速燃烧的痕迹。至于人类登上外星球,如月球,所带回来的则不叫陨石,而会称为月球矿石。

飞船察访过地球。也就是说，核动力推进宇宙飞船的理想并非地球人的独创，也许在天外的文明星体里，它已经是平常的交通工具了。

有的科学家们确信外星人的存在，而且找到了许多令人信服的证据。现代科学家估计，在浩翰无边的宇宙中，有亿万个像地球一样生机盎然的星体。其中定有类似地球人的智慧生物生活着的星体，甚至有的已发展到比地球上更发达的核子时代。

有了这样的基本估计，人类决意出使茫茫太空去找觅知音。1977年八九月间，美国分别发射了"旅行者"1号、2号无人驾驶宇宙探测器，带上包括115张有代表性的地球图片和35种自然音响录音带，先去拜访太阳系中地球的姐妹星，随后离开太阳系，飞向深空去寻找宇宙人。

早在1913年，小说家韦尔斯在《人类的解放》一书中，曾大胆地幻想过带着原子弹的原子飞机参加了欧洲战争。这时，科学家刚刚打开原子的一扇小窗，原子世界才透出了一丝透明的曙光。后来，随着原子世界大门被敲开，科学家们就大胆地设想用核能作动力来推进飞船。

早在1955年，美国就开始研究核子火箭。后来这项计划曾一度因种种原因而进展缓慢，但在研究中，科学家已找到了一些有希望的设计方案。

人类已在宁静的月球表面上留下了浅浅的脚印。还多次派出空间探测器对金星、火星、木星等地球的近邻作近距离的考察，发现了许多前人未曾知晓的奥秘。然而，迈出这几步，人们已经付出了高昂的代价。以美国登月计划为例，就花费近10年时光和300亿美元。推动登月飞船的巨大土星号运载火箭，就有35层楼房那样高。尽管现代宇航工业有能力制造出比土星号火箭推力大得多的运载工具，但要奔赴远在数十光年以外的深空去旅行，化学燃料火箭因带不够燃料而无能为力。

由于铀核裂变时释放出来的能量比最好的化学燃料要大上十万倍，在未来的星际航行中，核动力火箭将大显身手。有人预计，在宇航时代到来时，化学燃料火箭只能担负近距离的运载任务，而深空航行的重任将落在核火箭身上。

那时，先将核动力火箭发射到环绕地球运行的轨道上，然后，由太空运输船将燃料箱运往太空，并一一挂在核动力火箭上。带足燃料的核动力火箭，载着宇航员离开地球轨道，飞向遥远的星球，然后模仿登月航行，派登陆舱在外星体上着落。在完成考察任务后返回等候在轨道上的母船，对接后重返地球轨道。核动力火箭在地球轨道和遥远星球之间往返运行，长期肩负星际航行的任务，无需返回地面。

核火箭用的发动机是靠核燃料（铀或钚）裂变时产生的巨大热能，将推进剂加热到极高温度（4000℃以上），推进剂因而获得动能，以极高速度从尾部喷出，从而推动火箭高速飞行。

由于核燃料体积小、发热量大，核火箭可做到重量轻、体积小，化学燃料火箭根本不能与它抗衡。

将来，人类不但要飞出世代居住的地球，而且要离开太阳系作令人神往的深空旅行。也可能到某个未知星体上与外星人聚会，而且这一光荣使命要在人类的有生之年内完成。

要实现这一美好理想，人类必须要与时间赛跑，使自己的生命进程变得更慢些，以适应去数十光年距离以外的天涯旅行的需要。当然，乘坐现代速度不高的宇宙飞船去旅行是不可能的。但要是乘坐接近光速的飞船，就有可能达到目的。

相对论已告诉人们，在接近光速飞驰的物体上的时钟，会大大减慢。同样，在接近光速飞行的飞船上，人的衰老过程也会大

拓展思考

核火箭的设想

核火箭的设想最早由美国核科学家乌拉姆提出，利用核聚变使一颗颗小型原子弹在飞船尾部相继爆炸而产生推力。若每颗原子弹的爆炸当量为1000吨TNT，估计爆炸50颗原子弹后飞船速度可达12千米/秒。20世纪50年代末，美国核科学家泰勒提出了类似的"猎户座"计划，每颗原子弹的爆炸当量为2000吨TNT（在大气层外），爆炸50颗后飞船的最大速度可达70千米/秒。

大减慢。科学家已为相对论找到了实验依据，他们将 K 介子加速到接近光速时，终于出现了介子寿命大为延长的奇迹。

人类有理由期待，随着宇航技术的发展和核火箭的应用，会亲眼见到"二仙一局棋，人间过千年"的神话变为现实。当然，要使核动力火箭加速到接近光速是极不容易的，人类将付出艰辛的努力。

据 1992 年初报载，美国一些著名科学家和工业界人士指出，假如美国宇航员要登上火星的话，必须依靠核动力。

在 1975 年美国"阿波罗"号和苏联"联盟"号对接中作为指令长的托马斯塔福特，曾领导一个小组研究对太阳系探险的几个计划以及有关的技术细节。

布什总统 1989 年在庆祝首次登月 20 周年大会上的讲话推动了人们提出各种空间计划。为响应布什的号召，美国宇航局准备对火星进行探险。

在副总统奎尔的要求下，美国宇航局发出 34500 封信，征求意见。

美国宇航局从全国各州的科学家和工业界人士中，以及从学校的孩子中收到 1697 封回信。斯塔福特小组将各种意见汇集起来，并提出火星探险的四条不同的途径。所有意见都认为，飞船要依靠核动力，以缩短到达火星的时间，这将使宇航员少受太阳耀斑和宇宙射线的照射。另外，核动力反应堆也比化学推进器轻，可降低发射运载火箭的费用。

美国宇航局之所以重视孩子们的建议，道理很显然，如今的宇航计划必将要依靠明天的宇航科学家和宇航飞行员，也就是今天的孩子们去实现。

早在 20 世纪 60 年代，人类就踏上了月球，实现了人类千百年来的梦想。现在科学家们又把眼光转向了火星，他们预言这一目标将在本世纪实现。尽管还不能确切指出具体的日期，但只要通过努力克服目前宇航技术方面尚存的不足之处，人类登上火星之日是可以期待的。

作为可供完成火星之行的运载火箭之一的核聚变动力火箭，现在成了科学家们研究的课题。他们的方案是：将各种材料的构件陆续运送到地球轨道上，在那里组装核聚变动力火箭，因为在零重力空间可以组装起比在地球上巨大得多的火箭。利用这种火箭把宇宙飞船送上火星，可给宇航员赢得 10 ~

20天在火星表面活动的时间,并能返回地球。

核聚变动力火箭采用氘和氦-3组合燃料。这种推进方式具有很高的效率,但在技术上有很大困难,不易实现。此外,美国劳伦斯·利特莫尔国家实验室的罗德里克·海德博士也提出了使用氘和氚作为核聚变动力火箭燃料的设想:用数毫克这种燃料将50克固态氢包成小球,然后将这些小球以每秒50千米的速率经加速后喷向发动机后方;在圆锥形反应室中用激光照射这些小球,于是便可以引发微型核爆炸,在这种核聚变反应中产生的等离子体经线圈制成的抛物面状超导磁场向火箭后方喷出;如果让爆炸和加速以脉冲形式持续下去,宇宙飞船就能逐步达到相当高的飞行速度。

目前世界各国火箭使用的多为化学燃料,气体的喷射速度仅为每秒数千米,但是如果实现了这种激光核聚变,等离子体的喷射速度就能达到每秒6000~10000千米。

这种核聚变动力火箭的全长为200米,重量为300吨,包括5~10名乘员在内,可向火星运送约100吨有效载荷。使用化学燃料火箭往返火星1次,无论如何也得用1年以上时间,而利用这种火箭用100天时间就足够了,这对宇航员们来说,当然是好事。

要实际造出这种激光核聚变动力火箭,必须使在超高温条件下发生的核聚变及在超低温条件下产生的超导技术趋于完善,还必须尽快开发产生强力激光脉冲光束的技术。尽管困难尚多,但完全可以将人类更快更远地送上其他行星的希望,寄托于核聚变动力火箭身上。

人造小太阳

人们早就对太阳发出的能源产生了浓厚的兴趣,它每天发出那么多的光和热,而且根据科学家的推算,太阳的高龄已有50亿年。是什么能量使太阳能这么经久不衰地发出光和热,而且它的热度是那么高,表面温度达到

6000℃，核心的温度则可能是摄氏2000万度呢？

当人们只知道燃料能发出光和热的时候，曾经猜想，太阳大概像一块巨大的煤，它在无休止地燃烧。然而到了18世纪，已经有科学家对这样的推测产生了怀疑。他们作了大概的推算，如果太阳真是一大块不断燃烧着的煤，那么，它在50亿年前该有多大呢？现在人们知道的太阳的体积，如果仍旧像煤一样继续燃烧下去的话，还能再燃烧多少年呢？

计算的结果更增加了人们对太阳是燃烧着的煤块的怀疑，因为将现在已知太阳的体积全部折算为煤的话，它顶多只能再燃烧5000年。显然，这么短促的时间，对已经有了50亿年高龄，正处在它的"壮年"时代的太阳来说，是太微不足道，因而也是不足信的了。

再说，如果太阳上是一团煤在燃烧的话，那么，太阳的表面应该充满煤燃烧以后产生的二氧化碳。然而，1868年8月18日，当印度出现日全食的时候，法国天文学家詹森和英国天文学家罗克耶，用分光镜去分析日全食时在太阳表面上涌动的日珥，分别独立发现，太阳上充满着一种在地球上未曾观察到的元素的光谱，当时人们不知道它是一种什么元素，就干脆将它叫做"太阳元素"。人们虽然还不知道太阳元素是一种什么样的元素，也不知道它的性质，然而，当詹森和罗克耶的发现报告同时在法国科学院宣布时，仍使大家为之惊奇不已。为了奖赏这一突出的发现，法国科学院为他俩铸造了一块金质的纪念章，一面是神话中的太阳神阿波罗，他驾着套四匹马的战车；另一面则是詹森和罗克耶的头像，上部分别刻着詹森和罗克耶的名字，下部写着俩人发现太阳元素的年月日："1868年8月18日太阳突出物分析。"

知识小链接

太阳元素

氦是地球上最轻的元素之一，仅次于氢。在化学元素周期表里它排列第2位。氦的英文单词是"Helium"来源于希腊文单词，意思是"太阳"。氦也被称为"太阳元素"。

虽然一时弄不清"太阳元素"的性质，但它反正不是二氧化碳，从而便增强了太阳上发出的光和热不是由煤燃烧所提供的论点。但如果不是由燃烧作用所提供的，又是由什么作用所提供的呢？一时找不出合理的解释。

1895年3、4月间，英国化学家拉姆赛、克鲁克斯，还有瑞典青年化学家兰格列，都在不同的场合，先后各自独立地发现了地球上也存在着那种"太阳元素"。这种元素现在我们根据它的读音翻译为"氦"。使化学家感到困惑不解的是，这种氦不爱和别的元素相化合，而且它常和放射性铀在一起。这样，就使科学家产生了一个联想，氦是不是和放射性元素有联系呢？

1903年，卢瑟福和另一位名叫索地的化学家经过研究发现，从放射性元素铀放出的 II 射线，原来就是元素失去了电子的氦原子。它们从放射性物质中一粒一粒地射出来，所以又叫 II 粒子。II 粒子射出来的速度非常快，每秒钟可以达到上万千米。

根据这个发现，化学家们立即敏感地猜想到，太阳上经久放出的能量极大的光和热，会不会是一种核反应的结果呢？如果是，那又是怎样的一种核反应呢？

1938年，美国的贝特和德国的魏寒克证明，太阳上发出的光和热来自太阳上的氢。氢虽然能燃烧，不过太阳上的氢并不是在燃烧，而是在太阳那样一个特殊的环境里，温度极高（表面温度达到6000℃），运动的速度又极快，（粒子射出速度达到每秒19200千米），氢原子核互相撞来撞去，每四个氢原子核撞在一起就会聚合成另外一个原子核，同时放出很大的能量。这新聚合的原子核就是氦。

这是又一种原子核反应，由于它是轻元素的原子核（如氢）互相聚合成为另一种元素的原子核反应，和重元素的原子核（如铀、钍等）受到轰击而分裂成另外的元素的原子核的反应相区别，前一种核反应叫做核聚变反应，后一种叫核裂变反应。两种核反应的共同点是：它们在核反应的过程中，都能放出巨大的能量。

核反应所放出的能量，是过去已经知道的其他反应（例如燃烧是化学反应所不可比拟的。拿氢原子在核反应过程中聚变为氦原子核来说，每1克氢全部聚合为氦，它在聚变过程中所放出的热，能使400吨的冰完全变成水蒸汽；而如果这1克氢是与氧起化学反应，也就是被燃烧掉的话，它所放出的热量只不过能使47克冰变成水蒸汽而已。两相比较，差距有多大？氢进行的热核反应所放出的热核能，是氢进行化学反应时所放出的化学热能的850万倍。

这是一种多么令人向往的能源啊！核物理学家们岂能放弃对捕获和利用它的追求！

令人不无惋惜的是，对热核能源的开发最初成为现实，和原子裂变产生的原子能源的开发成为现实一样，首先成功的实验是氢弹爆炸。1952年，美国爆炸了第一个热核聚变装置；1967年，我国也成功地爆炸了第一颗氢弹。世界上其他一些核国家也都已拥有相当数量的热核武器。到目前为止，热核武器只是作为一种威慑力量而存在。在我国，则是作为与核威慑相抗衡的实力而拥有核武器。

热核聚变首先实现于核弹，其中一个重要因素是，要使氢原子核产生热核聚变，必须提供一个温度几千万以至1亿摄氏度的条件，氢弹是通过一个小小的原子裂变装置引爆，也就是说，先通过一个小小的原子弹爆炸，产生出高的温度，而后才能实现氢的热核聚变。

热核聚变，也就是氢弹爆炸，它产生的巨大能量使人们震惊人们进一步设想，如果能将这巨大的能量加以控制，使它们稳稳当当地徐徐释放，去为人们发电做功，那该多好。

起初，对这样的设想提出怀疑的人不少。首先是怎样产生这样的高温条件；而后是在这么高的温度下完成的热核反应，人们可以用什么装置去加

超导托卡马克核聚变实验装置

以控制，使它成为一种稳定的、可控制的能源呢？

富有进取精神和开拓思想的科学家们设想出种种办法来使热核聚变反应成为一种可控能源，这项研究就叫受控热核聚变。如20世纪60年代，世界上出现了托卡马克受控热核聚变装置，使这一研究获得了重大突破。

1984年，我国正式建成并启动的"中国环流器1号"，便是研究利用受控热核聚变的实验装置。

后来，科学家又认为，太阳有巨大的引力场约束着氢的聚变，那么，在地球上，人们是不是也可以用引力场来作为约束氢核聚变的受控装置呢？核科学家们还发现，利用氢的同位素，一种叫作氘的氢的同位素，它的原子核里除了一个质子外，还有一个中子，所以它的质量比普通氢大一倍，人们叫它重氢。还有一种氢的同位素叫做氚，它比氘又多一个中子，质量比普通的氢要大两倍，也是一种重氢。当氘和氚在高温高速的条件下互相碰撞的时候，就会聚合成为氦，这个氦元素是氦的同位素，它并不稳定，需要放出一个中子和很大的能量后才成为稳定的氦。热核聚变的能量就是这样产生的。

利用这两方面的研究成果，1991年11月9日，在英国牛津郡的卡勒姆实验室里，由欧洲14国科学家共同进行了一次受控热核聚变反应实验，采用了86%的氘和14%的氚，使它们在一个磁约束的环形装置里进行了聚变，持续时间2秒钟，温度达到3亿摄氏度，比太阳内的温度还要高15倍。

基础小知识

牛津郡

英国英格兰南部的郡。位于泰晤士河上游盆地。面积2,608平方公里。人口635,600（2006年）。四周被丘陵环绕，中部为宽广的河谷盆地，最高点海拔260米（白马丘陵）。有煤田。主要河流有泰晤士与查韦尔河。境内土地的四分之三为耕地，主产小麦、大麦、燕麦、甜菜与饲料作物。牧业以养羊为主，畜牧业发达。坡地有果园。工业有汽车、轧钢、采煤、金属加工等。主要城市有牛津、考利、班伯里等。

这一实验的成功，在世界上引起很强烈的轰动，它给全世界的能源开发带来巨大的希望。氢的同位素氘，在海水里的含量比在空气里的含量要高，估计以世界海水的总量计算，重氢的总蕴藏量可达 10 万亿吨！将这么大数量的重氢都用来进行热核聚变反应的话，那么，人类得到的能源，大概相当于把地球的海水总量加在一起再乘以 300 倍，再把这个数量的海水想象成为全部是汽油，把这么多的汽油全部作为燃料而产生的能量。想想看，那该是一座多么巨大的，取之不尽，用之不竭的能源库啊！地球上将不再受到能源危机的威胁。

所以，人们认为，未来的热核电站将是前途未可限量的能源装置。

当然，从一个仅仅只进行了两秒的实验成功，发展成为生产上的实际应用，从热核聚变要求那么高的的条件来看，核物理学家和其他专家们，还要走一段很艰难的探索道路，还有无数的技术难题需要研究解决。因而，也不排除有人对这一发展远景仍持悲观态度，认为它只不过是一个美好的、但却十分遥远的幻想；然而，更多的核科学家们则信心百倍地坚信，受控热核聚变的开发利用，总有一天会成为美好的现实出现在人们的面前。

增殖堆

现在广泛建造的核电站，只能利用铀资源的 1%～2%。它给我们赢得了几十年珍贵的时间，去开发新能源。然而，我们的最终目标，是要寻求能持久解决能源问题的方案。很多国家目前都在积极研究一种新的堆型——快中子增殖堆。当它们能像压水堆那样得到推广时，世界能源的紧张局势就会有所改变。

什么叫做增殖堆呢？任何反应堆运行时，都能使堆芯内的一部分铀-238 或钍-232 转换为可裂变物质。堆内新产生的裂变物质和消耗掉的裂变物质之比称为转换比。压水堆的转换比只有 0.6 左右，而快中子堆的转换比却大于 1，即每"烧"掉一个裂变原子的同时，会形成一个以上的新的裂变原子。因此，堆内的核燃料不是越"烧"越少，而是越"烧"越多。过了若干年，一个反应堆内积存的燃料，将可分别供两个反应堆使用。这就叫做核燃料的"增殖"。

核燃料的增殖有两条途径。一条是利用铀-238 产生钚-239，钚-239 制成燃料元件后在堆内裂变，又可使铀-238 发生转换。这种方式称为铀-钚循环。另一条途径是利用钍-232 产生铀-233。铀-233 燃料时，又使钍发生转换。这种方式称为钍-铀循环。当这两个燃料循环有朝一日真正运转起来时，人们拥有的能量储备就会扩大几十倍。

要实现燃料的增殖，利用快中子堆是一条有效的途径。这是什么原因呢？中子运动的速度增高时，一般地说，它与各种核素发生核反应的机会就要减少。但有个例外，即它被铀-238 俘获

中子弹

中子弹，亦称"加强辐射弹"，是一种在氢弹基础上发展起来的、以高能中子辐射为主要杀伤力、威力为千吨级的小型氢弹。它属于第三代核武器。第一、二代分别为原子弹和氢弹。

中子弹的特点是爆炸时核辐射效应大、穿透力强，释放的能量不高，冲击波、光辐射、热辐射和放射性污染比一般核武器小。

核武器都具有核辐射、冲击波和光辐射等杀伤力。中子弹主要利用爆炸瞬间发出的高能中子辐射来杀伤人员。中子弹爆炸时，核爆炸射出的中子数比同威力的裂变弹大 5－6 倍，高能中子的比例也大幅增加，其核辐射效应特别大。如一枚千吨级 TNT（黄色炸药）当量（核爆能量单位）的中子弹，在距离爆炸中心 800 米处的核辐射剂量，是同当量纯裂变核武器的 20 倍左右。

中子弹爆炸时产生的冲击波较小。一枚千吨级 TNT 当量的中子弹，它的核辐射对人类的瞬间杀伤半径可达 800 米，但其冲击波对建筑物的破坏半径只有三四百米。鉴于中子弹具有的这一特性，如果广泛使用中子武器，那么战后城市也许将不会像使用原子弹、氢弹那样成为一片废墟，但人员伤亡却会更大。

的机会却增加了。因为铀-238有一种"共振吸收"的本领。依靠这个本领，它可以把很多中子俘获过来，使自己变成钚-239，达到增殖的目的。

为了保证中子不被慢化，快中子堆的设计有很多特点。首先，它没有慢化剂，堆芯的燃料元件排列得十分紧凑。其次，由于快中子使铀-235发生裂变的本领不如热中子，必须提高堆芯燃料中铀-235的浓度，或添加一部分钚-239。第三，在堆芯的外围上贫铀（铀-235的含量比天然铀还要少的称贫铀）或钍-232组成增殖区，逮住从堆芯内逃出来的快中子。与热中子堆相比，快中子堆在更小的堆芯内产生大量的热能，所以要求冷却剂具有更好的导热性能。一般选用液态金属来导出堆芯的热量。

增殖最早是于1946年，在美国一座小试验堆上实现的。这是一座用钚作燃料、水银作冷却剂的反应堆。在这个基础上，美国又建造了试验增殖堆EBR-i。它利用浓缩铀作燃料、铀—钾合金作冷却剂。这座反应堆在核电发展史上占有值得纪念的一页。因为它最早把核能转化成了电能。1951年2月，它首次用裂变原子的能量带动一台小汽轮发电机，用四个灯泡发出的光线照亮了漆黑的爱达荷沙漠。

20世纪40年来，快中子增殖堆在很多国家中经历了试验堆、原型堆和商业性示范堆的发展过程。目前，最成熟的是用液态钠作冷却剂的快中子增殖堆。依靠这种金属极为优异的传热性能，可使堆芯达到很高的功率密度，从而缩短核燃料倍增所需的时间。

世界各国曾先后建造过几十个快中子堆和试验装置，其中有几个昙花一现就报废了。美国建造过7个快中子堆，最后的一个示范性的快中子堆，功率300兆瓦，由于没有通过安全审批，最后建设计划被搁置。

快中子堆发展得比较好的是法国。它的"凤凰"快中子堆和"超凤凰"快中子堆，都采用一体化的池式结构。反应堆容器是一个很大的不锈钢池子，直径22米，高10米，壁厚为35～50毫米，堆顶是3米厚的钢和混凝土做成的盖板。在这个钢池子里，除了堆芯以外，还放入一回路钠泵、钠-钠热交换器，这就保证放射性钠不会离开反应堆容器。一回路钠由下而上经过核燃料，加热到545℃，然后进入钠–钠热交换器。在反应堆容器外面，还包有一个同样厚度的钢容器。整个装置再装在1米厚的混凝土安全壳内，可以说是重重设防，保险又保险。在1991年世界核电站统计表中，可以找到9座快中子堆核电站，但实际在运行的只有四座，法国的"超凤凰"堆便是其中之一。

快中子堆由于技术复杂，安全要求高，因此造价很高，它的投资约为压水堆核电站的5倍。

聚变将带来巨变

要解决人类对能量的长期需求，最好的办法是发展可控热核反应。它是在极高的温度下，使轻原子核发生聚变而产生能量的一种方法。核聚变的原理早在1933年就被发现了，比裂变原理的发现整整早了5年。可是由于技术复杂，人类至今尚未建成聚变核电站。只能由不受控制的热核反应——氢弹来显示聚变过程惊人的威力。

核聚变实际上是宇宙中经常发生的一种能量转换过程。亿万颗恒星，包括太阳在内，辐射的能量都是在氢核聚合成氦核时释放出来的。因此，有人把核聚变装置称作人造"微型太阳"。但核聚变这种自然界中轻而易举、天天发生的过程，却是科学技术上久攻不克的顽固堡垒。

聚变反应遇到的第一个问题是轻核都带有正电，因此会互相排斥。要发生聚合，必须使轻核以极高的速度运动，能克服静电斥力而相撞在一起。看起来这个问题不难，因为把带电粒子加速到很高的能量还是有办法的。如电视机的显像管，就能把电子加速到这样高的速度。利用粒子加速器也可使轻核加速到同样高的速度，用这种高速粒子去轰击轻元素的靶核，原则上就能产生聚变反应。然而实际上，这种做法效率很低，绝大部分入射粒子会反跳回来。散射的概率比聚变的概率高几百万倍。

另一种办法是把聚变燃料加热到极高的温度。这时，杂乱无章的热运动，会使一部分轻核达到足够高的速度，克服斥力而聚合到一起。在这样高的温度下，轻核发生电离而成为正离子，核外电子不再绕核运动，而能在空间自由飞翔。这时的物质既不是固态，也不是液态或气态。在这种状态下，物质的每个体积单元中，都含有相等数目的自由电子和正离子，因此称为等离子体。它是物质的第四种状态。

实际上，宇宙中极大部分物质都以等离子体状态存在。所有恒星，包括太阳在内，主要成分都是氢和氦的等离子体。在地球上，最普通的等离子体则是霓虹灯内的发光气体。

在太阳中产生等离子体，主要是依靠它本身巨大的质量和体积。根据测定，太阳的质量占整个太阳系的99.8%，其中73%是氢，25%是氦，2%是碳、氮、氧等核素。它的平均密度为1410千克/米^3，比地球要小好几倍（地球的平均密度为5520千克/米^3）。表面温度为5780K。然而，在强大的引力作用下，太阳中心的密度则为10^5千克/米^3，每立方厘米的质子数达到10^{25}，温度高达摄氏1500万度。

但是，即使在这样的条件下，太阳中实际上也只有极少数质子发生聚变反应。大部分质子等了几十亿年还没有轮上。说起来也许不信，太阳中每克物质所发出的热量，比人体在新陈代谢过程中发出的热量小100多倍，其数值只有5×10^{-3}卡/（克·秒）。整个太阳所以能发出非常巨大的能量，只是因为它的总质量很大而已。

既然太阳中每克物质产生的能量比人体小100倍，它又怎能保持它的炽热状态呢？这时，因为单位时间发出的热量与太阳的体积成正比，而散走

趣味点击

有趣的太阳系

太阳系，就是我们现在所在的恒星系统。它是以太阳为中心，和所有受到太阳引力约束的天体的集合体：8颗行星，至少165颗已知的卫星，和数以亿计的太阳系小天体。这些小天体包括小行星、柯伊伯带的天体、彗星和星际尘埃。

的热量则与太阳的表面积成正比。因此体积越大，散热越慢，温度越高。在动物界，大象散热的速度就要比老鼠小30倍。如果它的新陈代谢和老鼠一样旺盛，就会被活活烤焦。

预计人类能够建造的热核装置，其尺寸要比太阳小得多，远远小于老鼠和大象的比例关系。因此，为了保证热核聚变的温度条件，能源释放热量的速率应比太阳大得多。现在，人类用一种比较粗暴的方式，来达到热核反应所需的高温。氢弹中的聚变过程，是依靠核裂变炸药来点燃的。聚变过程在极短的一瞬间完成，放出能摧毁一切的巨大能量。

要实现受控的聚变反应，则需采用另外一些方法，例如用强大的电流通过等离子体对它加热，或用激光等高度集中的能量使它升温。然而，要想使聚变释放的能量大于对等离体进行加热所消耗的能量，却并非易事。因为轻核在几百万次碰撞中，才能有一次机会发生聚变反应。因此要达到目的，必须把炽热的等离子体约束一段时间，不马上散掉，而且等离子体内粒子的密度要很大，以增加碰撞的机会。约束时间T（秒）和等离子体的密度N（粒子数/厘米^3）有关。密度大，约束时间可短一些。反之，约束时间就要加长。这个条件称为劳逊判据。氘–氚聚变，要求NT大于或等于1014秒/厘米^3，反应温度为1亿度。

在太阳中，对等离子体进行约束是不成问题的。它依靠自己的引力，自然而然地做到了这一点。然而在地球上，这却是一项极其困难的任务。如果将我们呼吸的空气加热到等离子体的温度，它的压力将为1000万大气压。地球上没有一种容器能把它约束在一起。而且任何容器材料与等离子体相遇时，不是本身被气化，就是使等离子体立即冷却下来。

多年来，从事聚变研究的科技人员，一直把希望寄托在各式各样的"磁瓶"上。根据磁性流体力学的理论，带电粒子在磁场中将沿磁力线作螺旋运动，而不会横切磁力线离去。磁场越强，回旋半径越小。当磁场强度高达几万高斯，温度为几千万度时，带电粒子的回旋半径只有几毫米。由于等离子体也是一种带电的粒子流，因此可以利用这一原理对它进行约束。

目前，用磁来约束等离子体的最好办法，是利用一种叫做托卡马克的环形装置。1966 年，苏联首先在这种装置上取得初步成果。

美国现有一台世界上规模最大的托卡马克装置在运行。这个装置在 1982 年成功地约束了首批等离子体，使聚变反应进行了 50 毫秒。等离子体温度达到 118 亿度。

尽管在托卡马克装置上，物理学家们还要进行大量的研究和探索，动力工作者却已迫不及待地根据它的原理，对聚变核电站进行了概念性设计，并打算建在美国橡树岭实验室内。

在这个设计中，托卡马克反应堆包容在一个很厚的一次安全壳内，外面再罩上一个二次安全壳。与安全壳相邻的，则是汽轮发电机厂房。布局与裂变核电站十分相似。反应堆的环形燃烧室内，氘－氚等离子体在强大磁场的约束下进行热核反应。环形室外侧围有一

拓展思考

托卡马克

托卡马克，是一种利用磁约束来实现受控核聚变的环性容器。它的名字 Tokamak 来源于环形、真空室、磁、线圈。最初是由位于苏联莫斯科的库尔恰托夫研究所的阿齐莫维齐等人在 20 世纪 50 年代发明的。托卡马克的中央是一个环形的真空室，外面缠绕着线圈。在通电的时候托卡马克的内部会产生巨大的螺旋型磁场，将其中的等离子体加热到很高的温度，以达到核聚变的目的。

圈由不锈钢小室构成的包覆层。小室内装满了液态锂或固态的氧化锂小球。这些材料用来吸收氘－氚反应产生的中子的能量，并利用这些中子使锂转化为氚。这些氚分离出来以后，又可送入环形室作为等离子体燃料使用。

反应堆采用半稳态燃烧方式。开始时用一个强大的变压器对环形室内的氘－氚气体放电，产生等离子体，并在环形室内产生电流，以后再点燃许多中性粒子束的注射枪。这些注射枪将能量很高的氘和氚作为燃料，注入等离子体，

同时使等离子体的温度上升到热核点火温度。当热核聚变反应开始时，反应释放的Ⅱ粒子（氦核）会进一步加热燃料，使它达到设计的温度水平。在这个水平上，反应堆大约可运行90分钟。依靠不断地向等离子体注入氘和氚的冰冻小球来维持燃烧。限制燃烧周期的因素是变压器维持环形电流的能力，以及等离子燃料中杂质的积累。当燃烧周期快结束时，把一些杂质注入等离子体，使反应中止。然后，把反应室内的全部气体抽净，重新装入新鲜燃料，以备下一个燃烧周期使用。

　　锂垫吸收中子能量后，形成一个体积式热源。依靠二次冷却剂氦或钠，将热量引出锂垫，作为发电用的蒸汽动力循环的热源。电站生产的电能中，20%用来建立磁场，产生环形电流和注射中性粒子束，其余送入电网。这样，核聚变电站就可源源不断地送出大量的能量。

　　聚变堆输出同样多的功率时，产生的中子数大约为裂变堆的4倍。因此，聚变反应堆不仅是一个动力源，也是一个强大的中子源。不少动力工作者建议，把明天的聚变技术与今天的裂变技术结合起来。在聚变反应堆周围放上亚临界的裂变燃料垫，利用热核中子使燃料裂变，可以提高整个装置的功率。在聚变堆周围，放上可转换物质铀－238和钍－232，就可使裂变燃料增殖。在其周围放上需要处置的长寿命放射性核素，如锕系元素，就可以使它们在很短的时间内嬗变成短寿命的或稳定的同位素。

　　与裂变动力堆相比较，聚变动力堆的安全性也十分优异。由于它每次只能燃烧反应室内的那些燃料，其总量不到1克，因此决不会出现能量的失控。然而，要真正设计出一个聚变核电站，还要解决一系列重大的技术问题。最棘手的是反应室壁面上会出现大面积的辐照损伤，即"第一壁"问题。事情是这样的，可控聚变堆产生的中子通量，比快中子增殖堆几乎要高出10倍左右。在电站30年运行寿期内，第一壁材料中的每个原子，由于与快中子碰撞，要移位500次以上。这会使容器的材料显著地肿胀起来而变脆。其次要严格地防止氚的泄漏。聚变反应室内，等离子体本身的氚装量虽然小于1克，但电站内总的氚装量，包括锂垫和氚回收系统中的氚装量在内，可以高达10

千克。由于氚极易以氚水的形式被生物机体所吸收，因此即使漏出一小部分，也是一次重大的放射性事故。

磁约束聚变堆还有一个严重缺陷：等离子体十分稀薄，燃料的功率密度只有 1～10 兆瓦/米³。与此对照，压水堆堆芯的功率密度为 100 兆瓦/米³，快中子增殖堆则为 400 兆瓦/米³。由于聚变堆不能像裂变堆那样，让冷却剂直接流过反应区，故只能在等离子区的外围设置非常复杂的结构，进行热量的收集。当反应区的功率密度很低时，其外围结构的尺寸就要增大，因而大大提高了电站的建造成本。

为了绕过这些困难，现在还在研究另一种实现劳逊条件的方法，即利用惯性约束原理。这个方法的基本要点，就是用激光极其迅速地加热等离子体，使它达到点火温度而发生聚变。这时，燃料由于自己的惯性仍保持在一起，在没有来得及散开以前，就释放出足够多的能量而完成整个过程。实际上，氢弹中能量的释放，就是在惯性约束下进行的。

要使氢弹中的能量有控点、一点一点地释放，可以设想把氢弹做得很小很小，使每次爆炸只有很少的燃料参加反应。例如，把氘和氚做成与针尖大小差不多的冰粒。每次爆炸的能量相当于几千克炸药。改变单位时间内爆炸的次数，就可控制聚变能释放的速率。然而，究竟用什么方法，才能将燃料极其迅速地加热到聚变温度呢？这里当然不能再依靠裂变的原子弹，因为它的临界体积太大，而要利用武器研究中发展起来的另一种新技术，这就是激光。

20 世纪 60 年代初期，物理学家发现了激光现象。利用激光物质的特殊性能，可以获得一种高度单色的平行光束。经过聚焦，这一光束的能量可集中到一个非常小的点上，并在极短的瞬间，以迅雷不及掩耳之势将能量释放出来。利用这样的激光，就有可能在一百亿分之一秒的时间内，在氘—氚靶丸解体以前，把它加热到热核点火温度。

然而，为了满足劳逊条件 NT 大于或等于 1014 秒/厘米³，要求燃料中的粒子密度非常高。当 T = 10^{-10} 秒时，粒子密度 r1 必须大于 1024 粒子数/厘米³。这个密度比固体密度还要大 10 倍左右。

> ### 知识小链接
>
> #### 炸 药
>
> 炸药，能在极短时间内剧烈燃烧（即爆炸）的物质，是在一定的外界能量的作用下，由自身能量发生爆炸的物质。一般情况下，炸药的化学及物理性质稳定，但不论环境是否密封，药量多少，甚至在外界零供氧的情况下，只要有较强的能量（起爆药提供）激发，炸药就会对外界进行稳定的爆轰式作功。

如何才能做到这一点呢？唯一的办法是在点火以前，先把燃料狠狠地压缩一下。然而这里不能利用普通的机械压缩的方法，也不能用化学的爆炸压缩的方法。科学家们从激光本身找到了一条妙计。这就是利用很多束激光，在同一瞬间，从四面八方射向靶丸。在几个毫微秒的时间内，把靶丸表面加热到上亿度的高温。这时，燃料表面迅速蒸发、电离。消融沸腾的材料，以每秒上万千米的速度飞向周围的真空区。在喷离过程中，同时产生一个向心的反作用力，造成一个冲击波，把靶丸压缩到其密度比液态氢高出 10000 倍左右，其内部的压力达到 10^{-12} 大气压。这样高的密度在天文学中也是不常见的，只有在高度密实的白矮星中才能找到。

> **基础小知识**
>
> #### 聚 焦
>
> 控制一束光或粒子流使其尽可能会聚于一点的过程。例如凸透镜能使平行光线聚焦于透镜的焦点；在电子显微镜中利用磁场和电场可使电子流聚焦；雷达利用凹面镜使其高频聚焦。聚焦是成像的必要条件。

靶丸在压缩时被加热到热核反应的温度。这时氘－氚聚变产生的高能 d 粒子，被吸收在材料的内部，使其温度进一步升高，燃烧更加猛烈。只要经过 10^{-12} 秒，就可烧掉相当多的燃料。在这以后，释放的能量将靶丸炸开，于是反应中止。这样的微型热核爆炸每秒进行 10～100 次，释放的能量被周围的锂垫所吸收，转化成热能，就可产生蒸汽来驱动汽轮发电机发出电能。

孵化中的"夸克"

在聚变反应中，转化成能量的那部分质量，至多不超过燃料质量的千分之一。有没有可能使更多的质量转化成能量呢？物理学家回答说：有。

几十年以前，在基本粒子物理学的辞汇中，出现了"夸克"这一术语。它是物理假说中的新粒子。

科学家用了2000年时间才搞清楚所有的物质都是由分子组成的，经过了200年人们发现了原子，又过了20年人们才懂得原子是由各种基本粒子，即质子、中子和电子组成的。至此，门捷列夫周期表的意义才趋于明朗。当时人们以为找到了物质的源头，找到了原物质。然而，正当物理学家们额手称庆之际，出现了新的"麻烦"。

20世纪50年代初，物理试验工作者在强大加速器的协助下，开始发现越来越多的新粒子。起初大家简单地用字母来代表它们。为了避免混淆，这些新发现的粒子都称为"超子"，而对所有发生强相互作用（即发生核力作用）的粒子，包括介子、核子和超子，都给了一个共同的名称，叫"强子"。随着岁月的推移，强子的数目现在已超过200种，比门捷列夫周期表上的元素还要多。在这种五彩缤纷的粒子世界面前，人们终于意识到，粒子到了该和"基本"这一形容词分手的时候了。

理论研究发现，强子可以根据它们的质量、电荷、自旋等性质进行排列组合，还可按自己的基本性质分成若干小家庭和大家族。这时，大家自然而然地提出了一个问题：这种规律性究竟是如何产生的？就像门捷列夫建立元素周期表，使人们理解到原子的壳层结构那样，1963年，有两位理论物理学家不约而同地提出了存在"夸克"的假说，一位是美国的盖尔曼，另一位是澳大利亚的查维格。他们认为，夸克是比基本粒子更基本的"基本粒子"。当它们以不同方式组合时,就能形成所有的强子。开始时认为有 3 种夸克,后来增加到 6 种。它们是上夸克、下夸克、底夸克、顶夸克、奇异夸克和粲夸克。

用夸克假说去分析强子的构成,取得了很大的成功。许多年来,人们一直认为电荷是整数的,不是 +1 就是 -1。然而夸克却与众不同,它具有分数电荷。有一种夸克的电荷是 +2/3,还有一些是 -1/3。利用它们可以组合成具有整数电荷的电子。举例来说,质子就是由两个电荷为 +2/3 的夸克和一个电荷为 -1/3 的夸克所组成的。

夸克假说在开始时受到猛烈的抨击。但夸克理论预言,存在着一种新的强子 q-1 子,这个超子很快就被找到了。夸克理论的预见性得到了证实,盖尔曼因此获得了 1969 年诺贝尔物理奖。

物理学家们开始投入于夸克的寻找工作。先是在海洋中找。后来又在陨石和宇宙射线中找,结果却毫无所获。以后制成了越来越强大的加速器,寻找夸克的本领大大地增加了,但它仍然杳无踪影。在基本粒子现象中,处处表现出需要有夸克这样一个客体存在,但它却像幽灵似地飘荡在粒子的内部。

这时出现了另外一个假说,认为夸克原则上是不能发现的。核子和超子是由三个夸克构成的,介子是由两个夸克(夸克的反夸克)构成的。介子有些像磁棒。当把磁棒切割成两部分时,每一部分都将成为一根独立的磁棒,各具有自己的南磁极和北磁极。同样,如果把介子的各组成部分分开,就会得到新的夸克和反夸克,从原来的一个介子,变成了一对分子,夸克的独特之处就在于此。人类第一次发现了一些原则上无法在纯粹的孤立形态下进行观测的微观客体。

科学家们最后用间接手段证明了夸克的存在。最后一个夸克——顶夸克是在 1984 年才证实的。经测定,它的质量竟为质子质量的 30~50 倍。

夸克使我们感兴趣的原因之一,是它有可能和未来的动力事业联系起来。前面已经讲到,每个质子由三个夸克组成,而每个夸克在质量上要比质子重几十倍!这正是微观世界的奇妙之处。在这里,大象可钻进老鼠的肚子里,在质量上"部分"可大于"整体",因此"肥胖"的夸克也就装入了"瘦小"

质子的内部！这样一来，又可使用爱因斯坦的质能相当定律了。如果三个自由夸克合成一个质子，它们质量的95%将会消失而转化成能量，那么，它比热核反应所产生的能量还要大几千倍。简单的计算表明，用掉1克夸克所放出的能量，与燃烧2500吨石油相当！稍稍体会一下这个庞大的数字，大家一定会惊叹，能源事业的前景是多么的美妙！

虽然我们现在对夸克还了解得很少，然而我们有理由保留这个美好的希望。回想20世纪初，当时证明了1克镭完全衰变后所释放的热量比1克煤大36万倍，但是，它的半衰期很长，实际上，我们从罗马帝国覆灭的时代起，一直等到今天，才获得了这些能量的一半。学者们干预衰变进程的努力多次都以失败而告终。当时也曾使部分专家感到沮丧。然而结果如何呢？我们真的不能利用这样的能量吗？显然不是。人类逐渐懂得，不应该等待原子核自己衰变，而要学会把它们击碎，于是核电站建成了。人们从微小的原子核中大规模地取得了所需的能量。

今天对夸克来说，情况也是这样。核能开发的历史已证明，人类能够创造意想不到的奇迹。因此，不管夸克今天多么地捉摸不定，既然客观存在，总有一天我们会找到控制它的方法。那时，这种非常厉害的、不可思议的微观客体，将会向人类贡献出它所拥有的一切。

拓展阅读

罗马帝国

罗马帝国（前27年—395年），正式名称为元老院与罗马人民，中国史书称为大秦、扶菻，是古罗马文明的一个阶段。罗马曾经有数百年的共和制历史，但自从斯巴达克斯起义以后，罗马进入了军人执掌政权的时代，并通过两次"三巨头执政"后，屋大维被封为"奥古斯都"，成为罗马的独裁者，从此罗马进入了"罗马帝国"时代。